ATLAS

DES

CHAMPIGNONS PARASITES

ET PATHOGÈNES

DE L'HOMME ET DES ANIMAUX

ATLAS

DES

CHAMPIGNONS PARASITES

ET PATHOGÈNES

DE L'HOMME

ET

DES ANIMAUX

PAR

HENRI COUPIN

Docteur ès sciences,

Lauréat de l'Institut, Chef des travaux de botanique à la Sorbonne.

58 planches renfermant 1.000 dessins

REPRODUITS D'APRÈS LES TRAVAUX ORIGINAUX

Avec la collaboration de Mlle Fernande COUPIN

PARIS

OCTAVE DOIN ET FILS, ÉDITEURS

8, PLACE DE L'ODÉON, 8

1909

INTRODUCTION

Dans cet Atlas, qui est le premier de ce genre, on trouvera, *reproduits avec la plus grande exactitude*, la plupart des documents microscopiques qui ont été publiés sur les maladies de l'homme et des animaux causées par des champignons. Ils seront précieux aux médecins, aux vétérinaires et aux naturalistes, pour provoquer leurs recherches et identifier les Cryptogames qu'ils auront l'occasion de rencontrer, vivant en parasites sur des organismes de nature animale. Le nombre des maladies dues à des champignons est vraisemblablement beaucoup plus grand que l'on ne se l'imagine habituellement et, à cet égard, les médecins et les vétérinaires, par exemple, auront grand profit à consulter notre atlas et à profiter, ainsi, des travaux que les botanistes se sont efforcés — non sans mal — de leur recueillir. Des légendes détaillées expliquent les figures et les complètent avantageusement.

A la fin de l'ouvrage, on a ajouté quelques planches réservées à des champignons qui nous sont nuisibles à un autre point de vue : elles comprennent le croquis de toutes les espèces mortelles, simplement vénéneuses, ou tout au moins suspectes, qui, si fréquemment, causent des empoisonnements. A l'occasion, il pourra être utile de les consulter.

H. C.

CLASSIFICATION DES CHAMPIGNONS

DÉCRITS DANS L'ATLAS

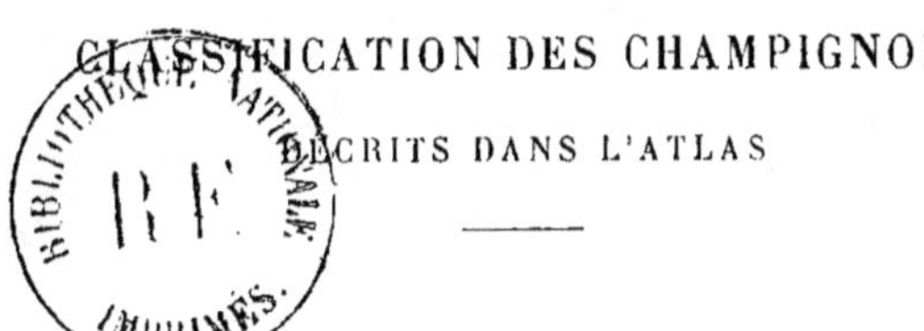

Ordre des Oomycètes.
- Vampyrellacées (Pl. I).
- Chytridiacées (Pl. I à IV).
- Mucorinées (Pl. V à XIII).
- Entomophthorées (Pl. XIV à XVI).
- Saprolégniées (Pl. XVII à XXII).
- Monoblépharidées (Pl. XIX).

Ordre des Ascomycètes.
- Discomycètes (Pl. XXIII à XXVIII).
- Périsporiacées (Pl. XXVIII à XLII).
- Pyrénomycètes.
  - Laboulbéniacées (Pl. XLIII à XLVI).
  - Nectriacées (Pl. XLVII).
  - Sphériacées (Pl. XLVIII).
  - Mucédinées (Pl. XLVIII à LIV).

Ordre des Basidiomycètes (Pl. LIV à LVIII).

ORDRE DES OOMYCÈTES

VAMPYRELLACÉES ET CHYTRIDIACÉES

PLANCHE I

ORDRE DES OOMYCÈTES

VAMPYRELLACÉES

1 et 2. — **Protomyxa aurantiaca**[1] (Hæckel).

1. Thalle avec kystes. (D'après Hæckel.) Grossissement considérable.
2. Kyste émettant des zoospores devenant amiboïdes. (D'après Hæckel.)

3. — **Myzastrum radians**[2] (Hæckel).

3. Thalle entier (largeur : 500 μ). (D'après Hæckel.)

4. — **Haplococcus reticulatus**[3] (Zopf).

4. Kyste. (D'après Zopf.) Gr. = 900.

5 à 7. — **Plasmodiophora Brassicæ**[4] (Woronin).

5. Le champignon dans des cellules d'une hernie du chou. (D'après Woronin.)
6. Cellules du champignon émettant des zoospores. (D'après Woronin.) Gr. = 90.
7. Spores émettant des zoospores munies d'un cil et présentant des mouvements amiboïdes. (D'après Woronin.) Gr. = 700.

CHYTRIDIACÉES

8 à 11. — **Achlyogeton entophytum**[5] (A. Schenk).

8. Le parasite à l'intérieur d'une Anguillule. (D'après Sorokine.) Gr. = 450.
9 à 11. Les zoosporanges se mettant en relation avec l'extérieur. (D'après Sorokine.) Gr. = 450.

12 à 15. — **Olpidium Arcellæ**[6] (Sorokine).

12. Zoosporange dans une carapace d'Arcella. (D'après Sorokine.)
13 à 15. Zoosporange se mettant en relation avec l'extérieur. (D'après Sorokine.)

16. — **Chytridium endogenum**[7] (Al. Braun).

16. Anguillule remplie de zoosporanges de *Chytridium*, qui se sont mis en relation avec l'extérieur. (D'après Sorokine.) Gr. = 500.

[1] Parasite (?) sur les coquilles de *Spirula Peroni* (Mollusques céphalopodes).

[2] Parasite (?) sur des crustacés inférieurs des îles Canaries, sur des Péridiniacées, des Diatomées.

[3] Parasite des muscles de porcs mal soignés et qui, d'ailleurs, ne souffraient pas de sa présence.

[4] Parasite de diverses crucifères, et, notamment, des choux sur lesquels il provoque des renflements pathologiques sur les racines et la base de la tige (*hernie du chou*). Inoculé à des lapins, à des cobayes, à des grenouilles, etc., il a fait naître sur eux des tumeurs remplies de spores du champignon.

[5] Parasite des Anguillules (?) et des Algues (*Cladophora*).

[6] Parasite (?) de l'*Arcella vulgaris* (Infusoire).

[7] Parasite des Anguillules.

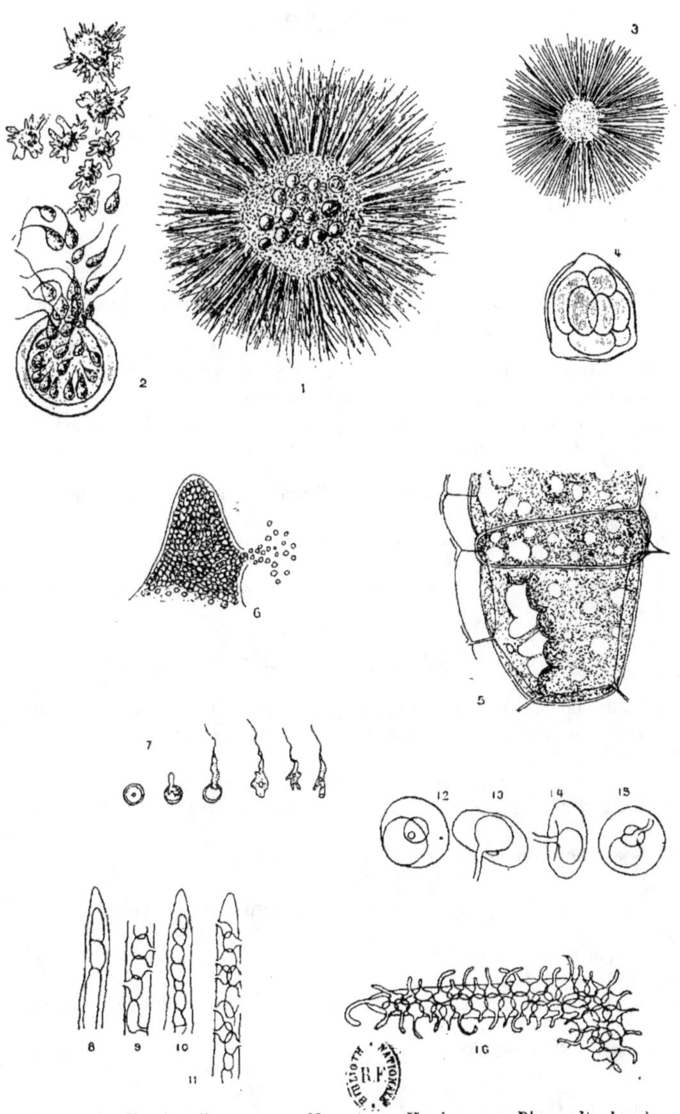

Vampyrellacées (*Protomyxa, Myzastrum. Haplococcus, Plasmodiophora*).

Chytridiacées (*Achlyogeton, Olpidium, Chytridium*).

PLANCHE II

ORDRE DES OOMYCÈTES

CHYTRIDIACÉES

1 à 11. — Polyrhina multiformis[1] (Sorokine) (= Harposporium Anguillulæ Lohde).

1. Anguillule portant le *Polyrhina*. (D'après Sorokine.) Gr. = 450.

2. Jeunes sporanges. (D'après Sorokine.) Gr. 450.

3. Le mycélium de *Polyrhina* sur lequel, dans quatre endroits, commence la formation des pédicules qui porteront les sporanges. (D'après Sorokine.) Gr. = 450.

4 à 9. Sporanges de différents âges et différemment disposés sur les pédicules. (D'après Sorokine.) Gr. = 450.

10. La sortie des spores mobiles. (D'après Sorokine.) Gr. = 450.

11. Une partie du corps d'une Anguillule à l'intérieur duquel se sont développés des *Polyrhina* et le *Catenaria* (voir la planche suivante). (D'après Sorokine.) Gr. = 450.

12 à 16. — Nucleophaga Amœbæ[2] (Dangeard).

12. Amibe dans les nucléoles duquel il y a un parasite. (D'après Dangeard.)

13. *Nucleophaga* remplissant presque complètement le nucléole. (D'après Dangeard.)

14. *Nucleophaga* remplissant complètement le nucléole. (D'après Dangeard.)

15. *Nucleophaga* montrant le début de la formation des spores. (D'après Dangeard.)

16. *Nucleophaga* rempli de spores. (D'après Dangeard.)

17 à 19. — Myzocytium proliferum[3] (A. Schenk).

17. Portion du corps d'une Anguillule contenant des zoosporanges vides et œufs. (D'après Zopf.) Gr. = 240.

2. Zoosporanges se mettant en relation avec l'extérieur. (D'après Zopf.) Gr. = 240.

3. Zoospore. (D'après Zopf.)

[1] Parasite des Anguillules.

[2] Parasite du nucléole des Amibes (*Amœba verrucosa*).

[3] Parasite des Anguillules (var. *Vermicolum* Zopf) et des Algues du genre *Zygnema* (forme type).

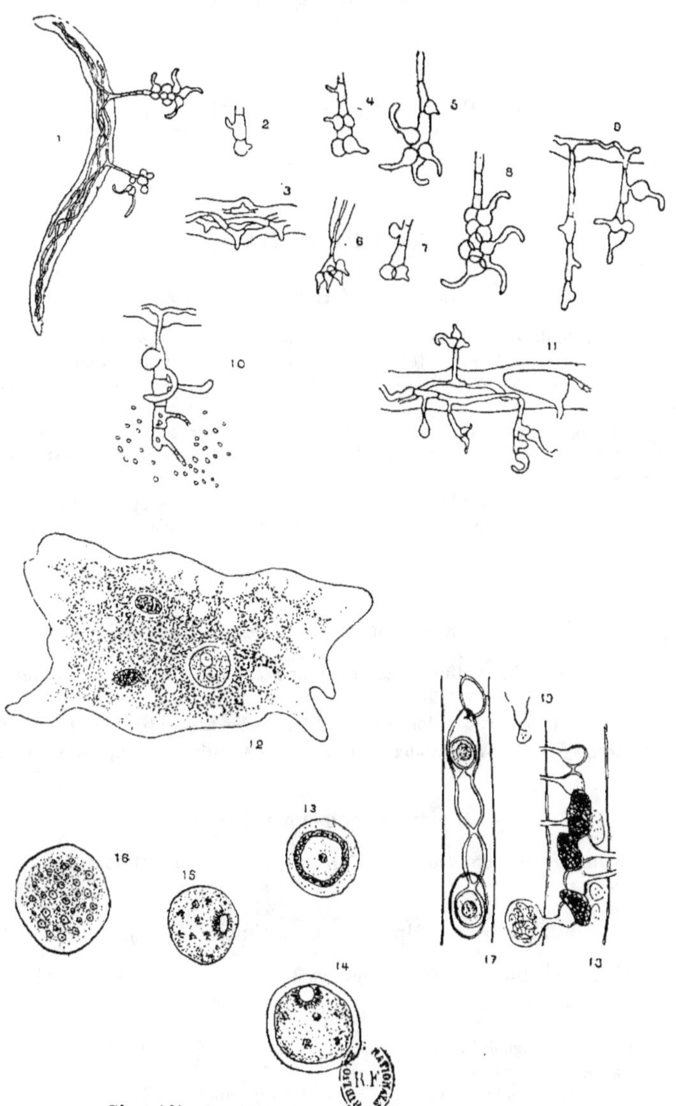

Chytridiacées (*Polyrhina, Nucléophaga, Myzocytium*).

PLANCHE III

ORDRE DES OOMYCÈTES

CHYTRIDIACÉES

1 à 4. — Catenaria Anguillulæ [1] (Sorokine).

1. Un thalle de *Catenaria* présentant de nombreux sporanges vides, des cellules stériles intercalaires et des filaments radiculaires. Sur la plupart des sporanges se voit encore le cou qui a servi à la sortie des zoospores. (D'après DANGEARD.) Gr. = 300.

2. Sporange observé sur une Anguillule. Les premières zoospores s'arrêtent quelques secondes à l'ouverture, englobées dans du mucus. (D'après DANGEARD.) Gr. = 580.

3. Extrémité d'Anguillule attaquée par le *Catenaria*, avec sporanges vides et des sporanges soulevant la paroi pour former leurs cous. (D'après DANGEARD.) Gr. = 580.

4. Germination d'une zoospore. (D'après DANGEARD.) Gr. = 580.

5 à 10. — Achlyogeton rostratum [2] (Sorokine).

5. Un cadavre d'Anguillule avec toute une chaine d'*Achlyogeton rostratum*. (D'après SOROKINE.) Gr. = 450.

6 à 9. Sporanges avec de longs cous. (D'après SOROKINE.) Gr. = 450.

10. *Achlyogeton rostratum* dans le corps d'une Anguillule. (D'après SOROKINE.) Gr. = 450.

11. — Olpidium zootocum [3] (Alf. Fischer).

11. Sporange vide dans le corps d'un crustacé ou d'un Rotateur (?) (D'après SOROKINE.)

12 à 18. — Olpidiopsis ucrainica [4] (Wize).

12 à 18. Formation des zoosporanges et des zoospores. (D'après WIZE.)

---

[1] Parasite des Anguillules, des Infusoires, des Rotateurs, des Characées.
[2] Parasite des Anguillules.
[3] Parasite des Anguillules et divers invertébrés aquatiques.
[4] Parasite des larves de cléones (*Cleonus punctiventris*) de l'Ukhraine.

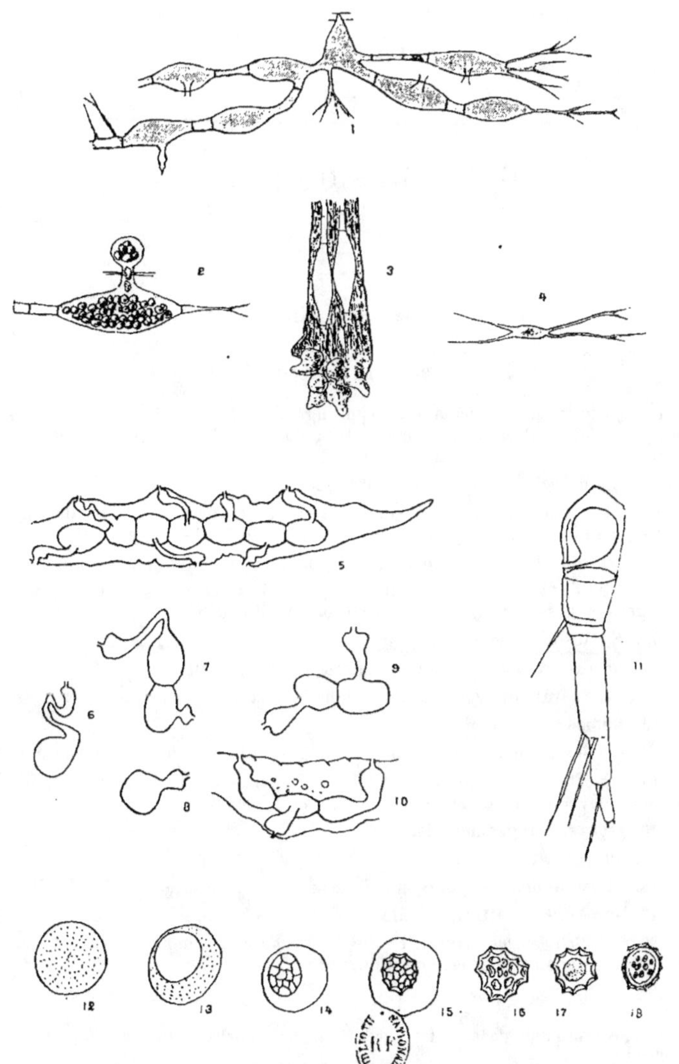

Chytridiacées (*Catenaria, Achlyogeton, Olpidium, Olpidiopsis*).

PLANCHE IV

ORDRE DES OOMYCÈTES

CHYTRIDIACÉES

1 à 23. — Sphœrita endogena [1] (Dangeard).

1. *Euglena viridis* renfermant un sporange du *Sphœrita* ; les zoospores sont formées. (D'après DANGEARD, comme toute la planche.) (Gr. =580, comme les autres figures.)

2. Kyste d'*Euglena viridis* avec sporange. (S.)

3. S., sporange peu avancé. Quelques zoospores provenant d'un deuxième sporange se trouvent encore à l'intérieur de l'Euglène. — R., résidus.

4. Deux sporanges au même état de développement, sous la même Eugléna.

5. Sortie des zoospores. S., sporange jeune. Les zoospores sont légèrement allongées et possèdent à l'avant un cil fortement courbé.

6, 7. Kystes de *Sphœrita endogena*.

8. *Euglena viridis* déformée par la présence du parasite.

9 et 11. Sporanges avec zoospores dans le *Nuclearia simplex*.

10. Plusieurs sporanges accolés.

12. Division d'une *Nuclearia* ; une des parties renferme deux jeunes sporanges.

13 à 15. Etats divers du développement du parasite, observés en profitant de la facilité avec laquelle éclatent les *Nuclearia*. S., sporanges.

16. Trois sporanges accolés.

17. Sortie des zoospores.

18. Ingestion des zoospores immobiles par une *Nuclearia*.

19. Une *Nuclearia* attirant à elle deux jeunes vésicules de *Sphœrita*.

20 à 23. *Heterophrys dispersa*. Le *Sphœrita endogena* se montre avec les mêmes caractères dans cette espèce de Rhizopode.

[1] Parasite des Rhizopodes, entre autres *Nuclearia simplex* et *Heterophrys dispersa* et des Euglènes.

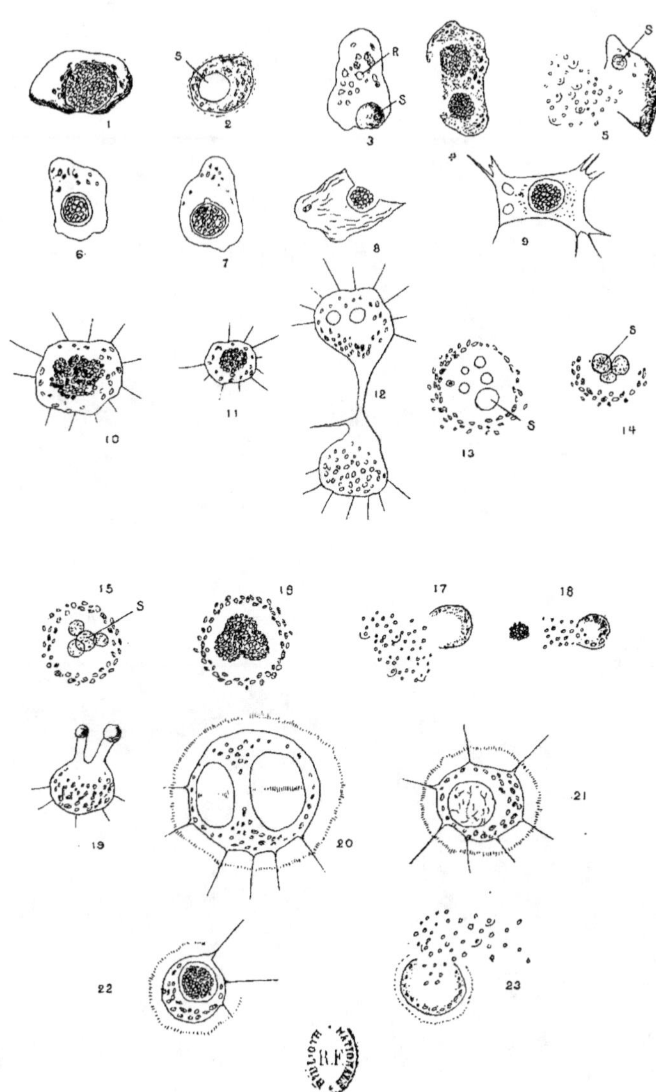

Chytridiacées (*Sphærita endogena*).

II

ORDRE DES OOMYCÈTES

MUCORINÉES

PLANCHE V

———

ORDRE DES OOMYCÈTES

———

MUCORINÉES

1 à 15. — **Mucor racemosus**[1] (Frésénius) (= *Chlamydomucor race-mosus* Bréfeld = *Pleurocystis Fresenii* Bonorden).

1. Aspect général des ramifications sporangifères. (D'après BRÉFELD.) G. = 80.

2. Coupe optique d'un sporange. (D'après BRÉFELD.) G. = 300.

3. Fusion des deux gamètes (début de la formation de l'œuf).

4. En haut : gamètes accrus encore distincts. En bas : œuf formé.

5. Gamètes au contact, mais non fusionnés, et qui ont constitué deux simples spores verruqueuses (azygospores). (D'après BAINIER.)

6. Azygospore unique et gamète qui ne s'est pas développé. (D'après BAINIER.)

7. Filaments continus du thalle, développés dans une solution de sucre (D'après KLEBS). G. = 150.

8. Filaments du thalle développés dans une solution de peptone à 2 p. 100. (D'après KLEBS.) G. = 150.

9. Chamydospores s'étant formées sur un des filaments du mycélium. (D'après BRÉFELD.) Gr. = 80.

10. Chlamydospores s'étant formées sur un filament sporangifère. (D'après BRÉFELD.) Gr. = 80.

11. Chlamydospores germant et donnant des tubes sporangifères. (D'après BRÉFELD.) Gr. = 120.

12. Thalle cloisonné, à aspect de levure, extrait d'un moût de raisin en fermentation. (D'après KLEBS.) Gr. = 150.

13 et 14. Mycélium croissant sous forme de levures. (D'après BRÉFELD.) G. = 80.

15. Cellules en forme de levures croissant et donnant des filaments mycéliens (D'après BRÉFELD.) Gr. = 80.

---

[1] Vit, en général, en saprophyte. A, cependant, été signalé dans les sacs aériens des oiseaux, dans les fosses nasales d'un mouton, dans une tumeur du cheval.

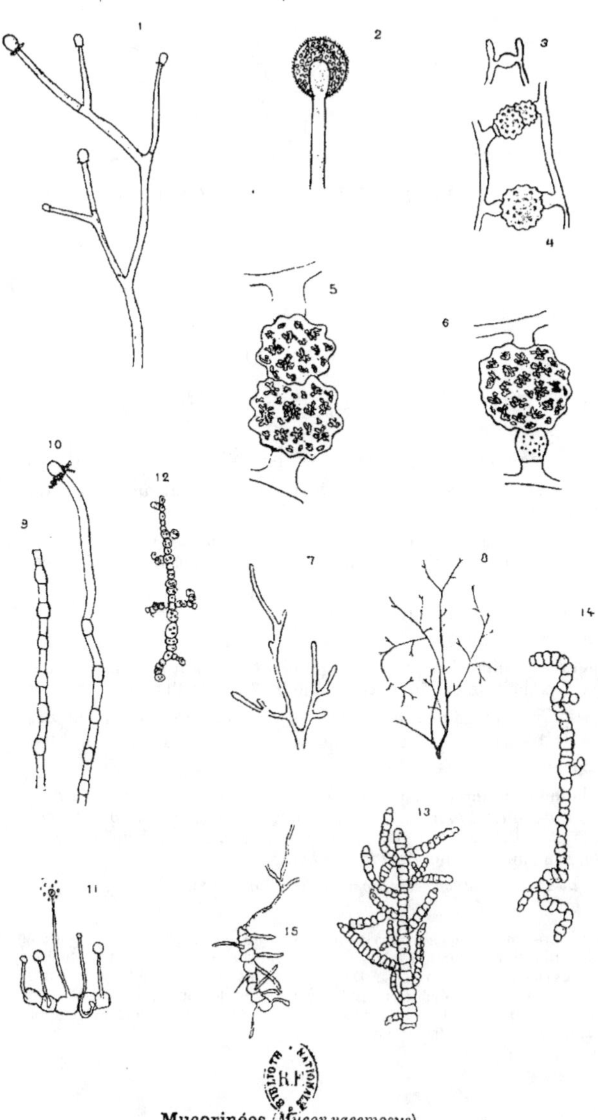

Mucorinées (*Mucor racemosus*).

PLANCHE VI

ORDRE DES OOMYCÈTES

MUCORINÉES

1 à 9. — Mucor Mucedo [1] (L.).

1. Ensemble du thalle avec un jeune appareil sporifère. (D'après Kny.)

2. Portion très grossie d'un tube sporangifère montrant des cristaux d'oxalate de calcium.

3. Œuf de Mucor, encore attaché aux deux gamètes qui lui ont donné naissance et émettant un tube sporangifère, dont le sporange est encore jeune. (D'après Bréfeld.)

4. Spores germant. (D'après Bréfeld.)

5. Jeune sporange.

6. Jeune sporange (en coupe optique) ne contenant pas encore de spores. *a*, cristaux d'oxalate de calcium ; *c*, columelle. (D'après Bréfeld.)

7. Coupe optique d'un sporange mûr, c'est-à-dire renfermant des spores. (D'après Bréfeld.)

8. Spores.

9. Filament de *Mucor* attaqué par une autre mucorinée du genre *Piptocephalis*. *a*, filament de *Mucor*. *b*, filaments du *Piptocephalis*. *c*, suçoirs du *Piptocephalis*. *d*, œuf de *Piptocephalis* encore attaché aux deux gamètes qui lui ont donné naissance. *e*, rameau conidien du *Piptocephalis*.

(Voir la suite du *Mucor Mucedo* à la planche suivante.)

---

[1] Vit généralement en saprophyte, par exemple sur le crottin du cheval, lequel, mis dans une atmosphère humide, s'en couvre rapidement. A cependant été trouvé deux fois dans des cas de pneumomycose. Des expériences de Barthelat faites sur des lapins et des cobayes, il résulte, cependant, qu'il n'est pas pathogène pour les vertébrés à sang chaud. Attaque les abeilles en provoquant leur mort ; cette maladie est connue sous le nom de *mucorine* ou *maladie de mai*.

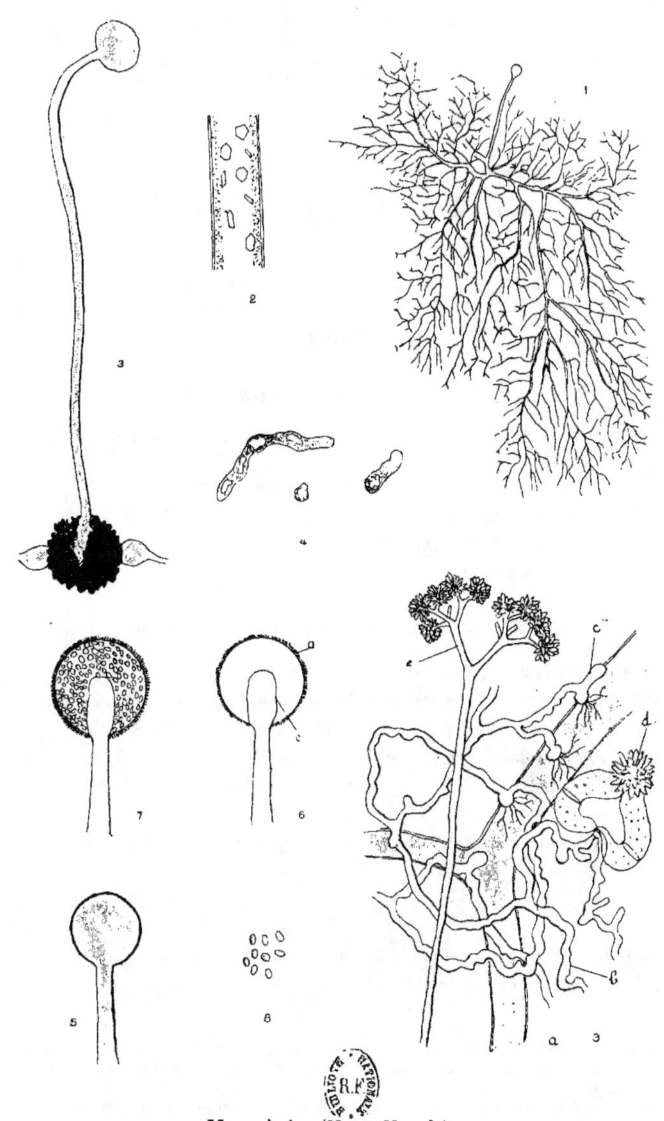

Mucorinées (*Mucor Mucedo*).

PLANCHE VII

ORDRE DES OOMYCÈTES

MUCORINÉES

1 à 5. — Mucor Mucedo (L.) *(suite)*.

1. Début de la formation de l'œuf : les gamètes ne sont pas encore au contact.

2. Suite de la formation de l'œuf : les gamètes sont au contact.

3. Les deux gamètes vus à un plus fort grossissement. (D'après Bréfeld.)

4. L'œuf formé. (D'après Brefeld.)

5. Œuf isolé des gamètes. (D'après Bréfeld.)

6 à 14. — Mucor corymbifer [1] (Ferd. Cohn).

6. Columelle isolée. (D'après Lindt.) Gr. = 470.

7. Bouquet de sporanges. (D'après Hückel.)

8. Deux sporanges figurés en coupe optique. (D'après Hückel.) Gr. = 270.

9 et 10. Port de la plante. (D'après Lichtheim.)

11 et 12. Chlamydospores ou pseudozygospores. (D'après Hückel.) Gr. = 270.

13. Spores. (D'après Lindt.) Gr. = 470.

14. Aspect général d'une préparation de *Mucor corymbifer*. (D'après Lichtheim.) Gr. = 270.

15 et 16. — Mucor pusillus [2] (Lindt).

15. Jeunes sporanges. (D'après Lindt.) Gr. = 330.

16. Sporanges mûrs et éclatés. (D'après Lindt.) Gr. = 470.

---

[1] Pathogène pour l'homme. Trouvé dans un cas de mycose généralisée de l'appareil respiratoire, de l'intestin et du cerveau. Plusieurs fois signalé dans des cas d'otomycose et dans le poumon.

[2] Trouvé sur du pain mouillé. Inoculé à des lapins, s'est montré très pathogène.

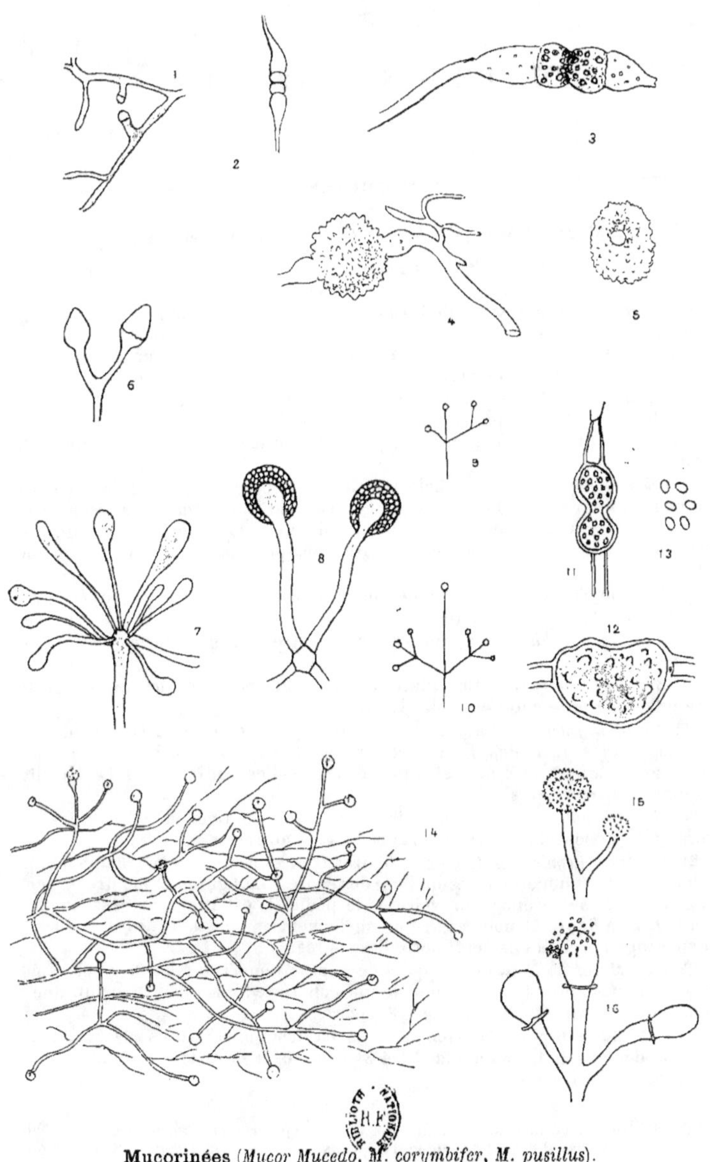

Mucorinées (*Mucor Mucedo, M. corymbifer, M. pusillus*).

ORDRE DES OOMYCÈTES

MUCORINÉES

1 à 31. — **Mucor Regnieri**[1] (L. et C.) et **Mucor Truchisi**[1] (Lucet et Costantin).

1. *Mucor Truchisi.* — Ombelle terminale de sporanges ; dans tous ces sporanges, la déhiscence a eu lieu et la membrane sporangiale est partout dissoute ; les parties grisées correspondent aux columelles. (D'après Lucet et Costantin, de même que toute la planche.)

2, 3. *Mucor Truchisi.* — Sporanges avant la déhiscence ; la partie supérieure teintée laisse apercevoir les spores grâce à la transparence de la membrane ; la région supérieure de la columelle est comme tordue dans cet échantillon. 3, spores.

4, 6. *Mucor Regnieri.* —4, ombelle terminale de sporanges ; mêmes remarques que pour la figure 1 (les deux dessins 1 et 4 sont faits au même grossissement) ; 5, sporanges avant la déhiscence, la partie supérieure de la columelle est arrondie (même grossissement que la figure 2) ; 6, spores (même grossissement que la figure 3.)

7, 12. *Mucor Turchisi.* — Ces six dessins montrent les variations que peut présenter la ramification dans cette espèce.

13, 14. *Mucor Truchisi.* —Ces deux figures montrent l'aspect varié qu'offre souvent la columelle.

15-18. *Mucor Regnieri.* — Ces quatre dessins nous montrent les variations de la ramification dans cette espèce.

19. *Mucor Regnieri.* — Ramification en grappe où les pédicelles secondaires font des angles variables avec l'axe principal. La déhiscence a eu lieu, les spores sont tombées et il ne reste que les columelles cutinisées à l'extrémité des filaments fructifères.

20. *Mucor Regnieri.* — A la base d'une ombelle primitive, on voit deux petits sporanges qui sont d'ailleurs ouverts comme les autres.

21, 24. *Mucor Regnieri.* — Les deux figures 21 et 23 montrent les changements de forme de la columelle après la chute des spores. La figures 22 montre un sporange avant la déhiscence : on voit que le pédicelle est renflé au-dessous des sporanges. La figure 24 montre exceptionnellement la persistance de la membrane du sporange après la mise en liberté des spores.

25 à 28. *Mucor Truchisi* développé à de hautes températures ; 25 et 26, sporanges ouverts ; il reste à la columelle une collerette formée par la membrane ; 28, la collerette n'est plus visible ; 28, spores.

29 à 31. *Mucor Regnieri,* développé à de hautes températures ; 29, pédicelle renflé au-dessous de la columelle ; 30 et 31, sporanges ouverts contenant encore quelques spores rondes.

---

[1] Ont été trouvés en mettant en culture des croûtes épidermiques recueillies au niveau des lésions d'un cheval atteint de teigne d'été causée par un *Trichophyton*. Se sont montrés très virulents pour le lapin.

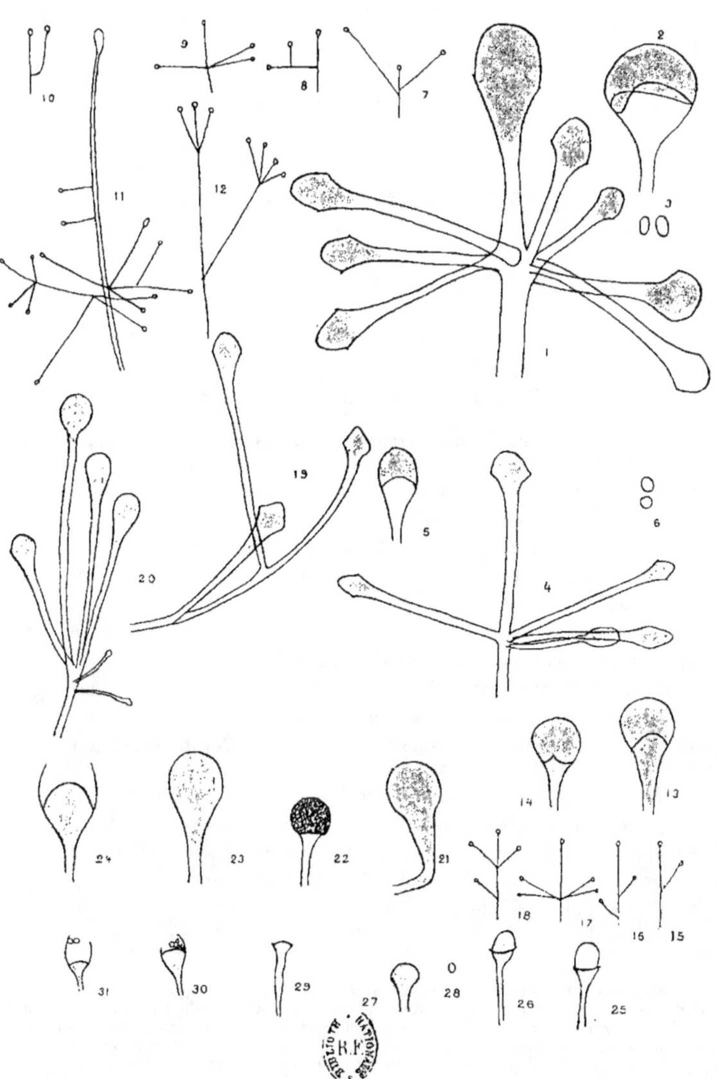

Mucorinées (*Mucor Regnieri, M. Truchisi*).

PLANCHE IX

———

ORDRE DES OOMYCÈTES

———

MUCORINÉES

1 à 22. — **Rhizomucor parasiticus**[1] (Lucet et Costantin).

1, 2, 3, 4. Divers aspects des rhizoïdes. (D'après Lucet et Costantin, de même que les figures suivantes.)

5. Dichotomie des filaments rampants.

6. Ramification dichotomique ou trichotomique.

7. Filament fructifère sur lequel naît un appendice rhizoïde.

8. Sporanges secondaires naissant à angle droit du filament principal.

9. Columelle.

10. Sporange jeune.

11 et 12. Ramification normale du filament fructifère.

13 et 14. Ramification moins fréquente.

15. Deux filaments fructifères nés au même point.

16. Filament rampant en relation d'une part avec deux rhizoïdes et de l'autre avec un pédoncule fructifère simple.

17. Pédicelle fructifère produisant accidentellement des rhizoïdes.

18. Pédicelle fructifère redonnant latéralement des filaments stolonifères.

19. Filament couché avec deux sporanges insérés perpendiculairement.

20. Deux filaments fructifères partant d'un même point.

21. Faisceau de cinq sporangiophores nés sur un gros filament cutinisé.

22. Spores.

---

[1] A été trouvé dans les voies respiratoires d'une femme à laquelle il causait une maladie ayant des analogies avec la tuberculose. S'est montré pathogène pour le lapin et le cobaye en inoculations intra-veineuses ou intra-péritonéales ; sans action quand il est injecté sous la peau. Non pathogène pour le chien. A été trouvé aussi en mettant en culture des poussières provenant des poils d'une vache teigneuse. Vit facilement en saprophyte sur milieux glucosés (optimum : + 38° à 40° ; minimum : + 22°).

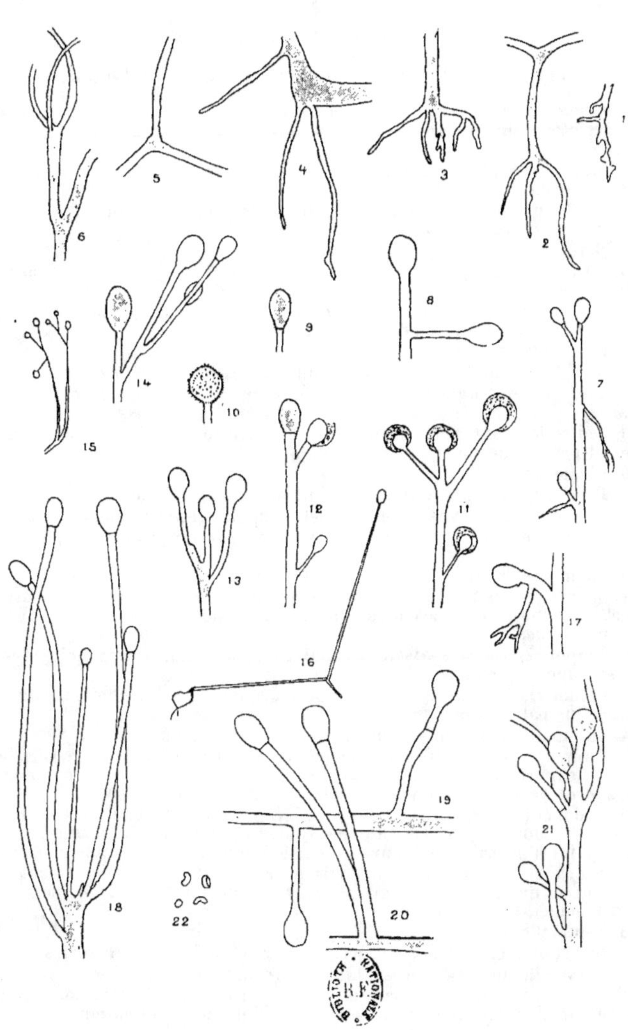

Mucorinées (*Rhizomucor parasiticus*).

PLANCHE X

___

ORDRE DES OOMYCÈTES

___

MUCORINÉES

1 à 34. — Rhizopus equinus[1] (Lucet et Costantin).

1. Forme *Rhizopus* bien caractérisée avec deux pédoncules sporangifères, des rhizoïdes et un stolon. (D'après Costantin et Lucet, de même que les autres figures.)

2. Deux sporanges à pédoncules insérés l'un près de l'autre sur un stolon rampant (forme *Mucor*.)

3 à 8. Chlamydospores naissant en différents points, soit au milieu d'un filament, soit à l'extrémité.

9. Spores.

10. Forme reproductrice anormale avec plusieurs sporanges et sans rhizoïde (forme *Mucor*).

11. Pédicelles sporangifères groupés en bouquet sans rhizoïdes : terme de passage entre les deux formes.

12. Rhizoïde.

13. Autre forme *Rhizopus* nette avec bouquet de sporanges, rhizoïdes, et stolon.

14. Support sporangifère simple naissant au voisinage de rhizoïdes : terme de passage entre la forme *Mucor* et la forme *Rhizopus*.

15. Pédicelle sporangifère isolé mais nettement opposé à un groupe de rhizoïdes et présentant un stolon avec chlamydospore.

16. Rhizoïdes.

17. Pédoncule sporangifère présentant une chlamydospore à sa base.

18. Forme *Rhizopus* type avec bouquet de sporanges et rhizoïdes.

19. Jeune pédoncule sporangifère terminé par une columelle nue (forme *Mucor*).

20. Columelle rabattue vers le bas en forme de chapeau d'Agaric.

21. Sporange voisin de la maturité; la columelle est visible par transparence ; elle est en forme de doigt de gant et s'insère sur la membrane sporangiale comme dans un *Rhizopus*.

22. Support sporangifère isolé (forme *Mucor*) ; la columelle terminale est moins cutinisée que le pied.

23. Columelle isolée. La partie supérieure de la columelle est d'un brun occracé plus pâle que le pied.

24. Columelle nue : elle est moins cutinisée que le pied.

25. Support sporangifère isolé, dépourvu de rhizoïdes à la base, terminé à sa partie supérieure par une columelle sans traces de membrane sporangiale, ni de spores (forme *Mucor*), avec un léger renflement à la base.

26. Pédoncule sporangifère isolé terminé par un columelle en Agaric. A la base de ce pédoncule, qui se rattache à la forme *Mucor*, et à quelque distance de son point d'insertion se trouve un certain nombre de filaments rhizoïdes.

27. Sporange au moment de la déhiscence : il reste encore des traces de la membrane et quelques spores qui adhèrent les unes à la membrane, les autres à la columelle.

28. Columelle nue.

29. Insertion d'un pédoncule fructifère sur un stolon sans rhizoïdes.

30. Columelle anormale présentant un étranglement à la base.

31. Sporange rempli de spores montrant par transparence la columelle qui s'insère sur la membrane du sporange (caractère du genre *Rhizopus*.)

32. Rhizoïde.

33. Support sporangifère grêle, courbé à sa partie supérieure (forme *Mucor*.)

34. Support sporangifère simple, terminé par un sporange simple (forme *Mucor*), très grêle.

___

[1] A été rencontré sur un cheval. S'est montré pathogène pour le lapin, en inoculations intra-veineuses ; non pathogène pour la poule. Présente deux formes, l'une semblable à celle des *Mucor*, l'autre répondant aux caractères des *Rhizopus*.

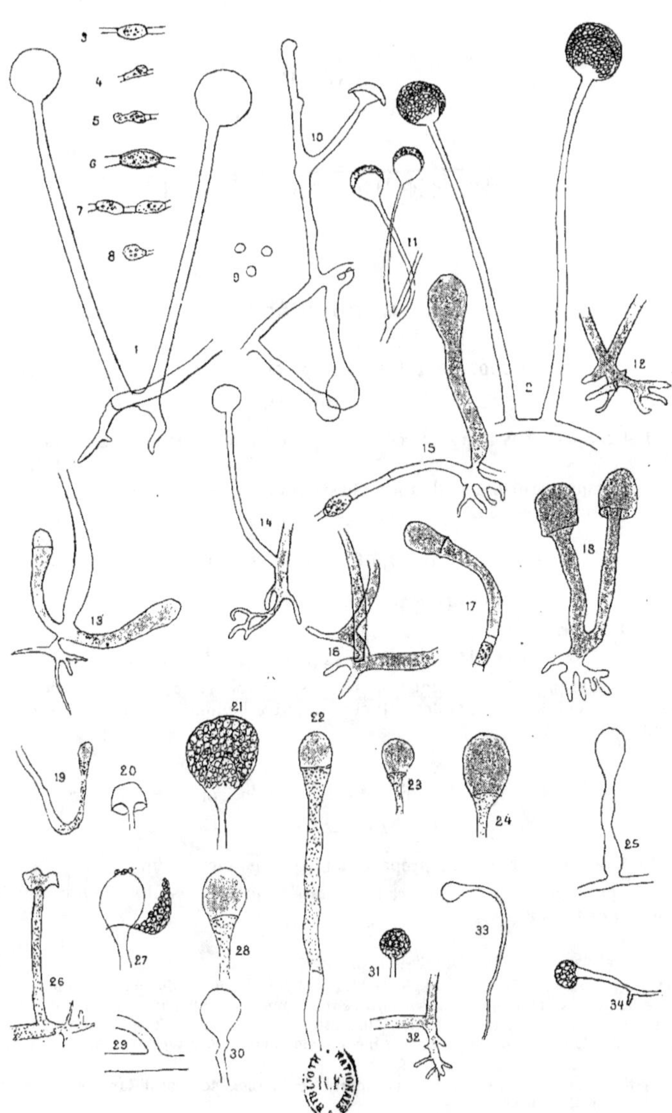

Mucorinées (*Rhizopus equinus*).

ORDRE DES OOMYCÈTES

MUCORINÉES

1 à 3. — **Rhizomucor septatus** [1] (Lucet et Costantin) (= *Mucor septatus* von Bezold).

1 et 2. Sporanges murs ou réduits à leur columelle. (D'après Siebenman.) Gr. = 270.

3. Filaments rhizoïdes. (D'après Siebenmann.) Gr. = 270.

4 à 9. — **Rhizopus nigricans** [2] (Ehrenberg).

4, 5, 6. — Formation de l'œuf.

7. OEuf formé.

8. Schéma d'ensemble du thalle (presque de grandeur naturelle).

9. Un bouquet de sporanges. *a*, tube sporangifère. *b*, sporange éclaté et réduit à se columelle. *c*, stolon allant à un autre bouquet de sporanges. *d*, filaments rhizoïdes.

10 et 11. — **Rhizopus Cohni** [3] (Berlese et de Toni) (= *Mucor rhizopodiformis* Cohn).

10. Vue d'ensemble d'une préparation. (D'après Lichtheim).

11. Sporanges, dont la membrane a éclaté et qui sont réduits à leur columelle. (D'après Lichtheim.)

---

[1] Trouvé dans le conduit auditif de l'homme.

[2] Vit généralement en saprophyte, notamment sur le pain maintenu dans une atmosphère humide. A été quelquefois rencontré sur l'homme et les animaux ; cependant, d'après Barthelat, il ne serait pas pathogène. Une espèce très voisine, sinon identique, le *Rhizopus niger*, dont la description est très incomplète, a été rencontrée dans un cas de langue noire.

[3] Trouvé sur du pain humide. S'est montré très pathogène pour le lapin en injections intra-péritonéales ou veineuses.

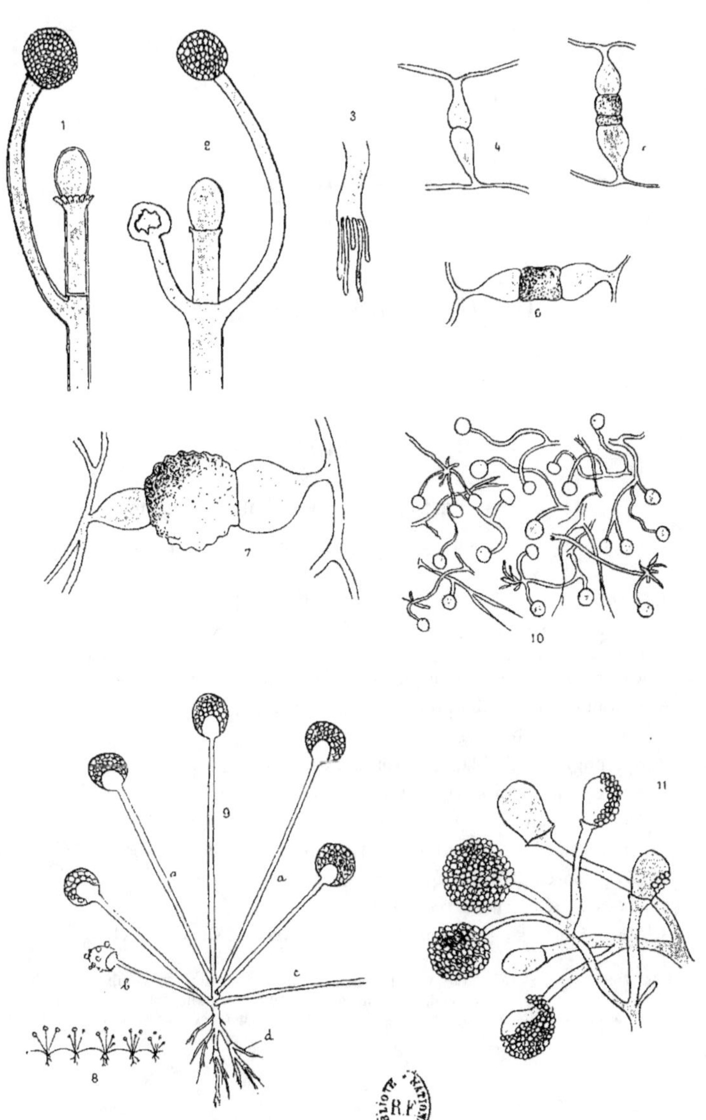

Mucorinées (*Rhizomucor septatus, Rhizopus nigricans, Rhizopus Cohni*).

PLANCHE XII

ORDRE DES OOMYCÈTES

MUCORINÉES

1 à 15. — Mortierella polycephala[1] (Coëmans).

1. Groupe de pieds fructifères pleinement développé. (D'après Coëmans.) Gr. = 110.

2. Groupe de pieds fructifères un peu anormaux. (D'après Coëmans.) Gr. = 110.

3,4. Chlamydospores mycéliennes. (D'après Dauphin.) Gr. = 875.

5. Filaments renflés qui deviendront les gamètes et qui se montrent déjà accolés mais ne présentent pas encore de cloisons. (D'après Dauphin.) Gr. = 750.

6. Sporangiospores. (D'après Dauphin.) Gr. = 150.

7. Stylospores. (D'après Dauphin.) Gr. = 150.

8. Sporangiospore. (D'après Dauphin). Gr. = 875.

9. Stylospore. (D'après Dauphin.) Gr. 875.

10. Ramification en diapason. (D'après Dauphin.) Gr. = 875.

11. Divers modes d'insertion des stylospores. (D'après Dauphin.) Gr. = 480.

12. Zygospores. (D'après Dauphin.) Gr. = 45.

13. Jeunes pieds fructifères. (D'après Coëmans.)

14, 15. Filaments anastomosés. (D'après Dauphin.) Gr. = 875 et 150.

[1] Un *Mortierella* a été trouvé dans la trachée d'un chat ayant succombé à l'asphyxie. L'espèce n'ayant pas été déterminée, nous en reproduisons dans cette planche et la suivante différentes espèces, dont l'une spécialement (*M. polycephala*) qui a été bien étudiée.

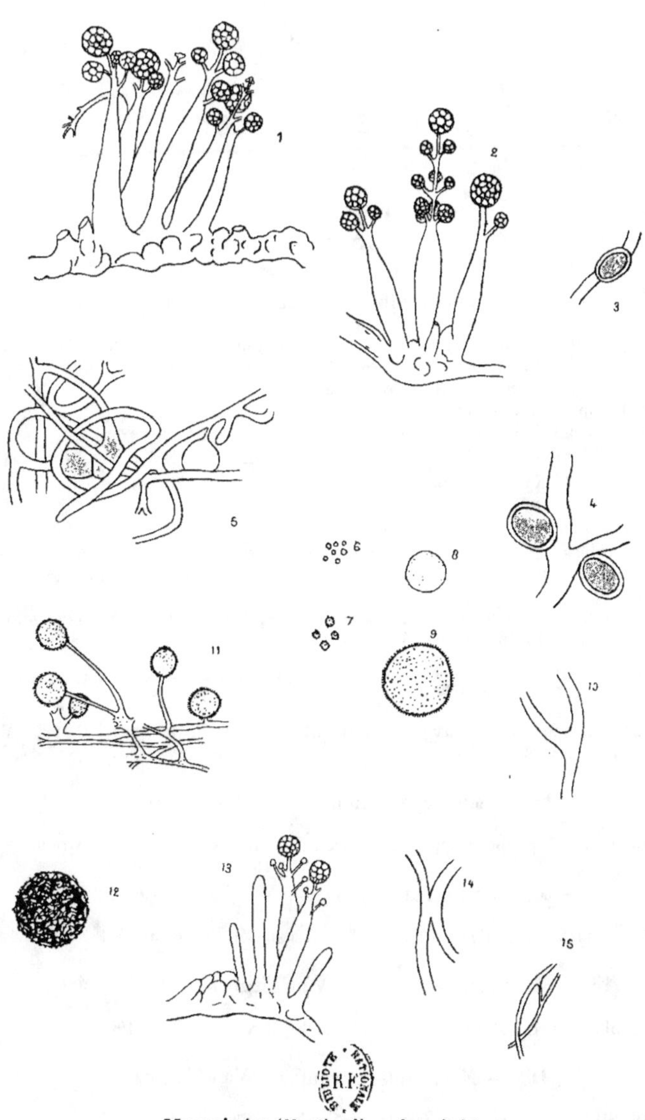

Mucorinées (*Mortierella polycephala*).

PLANCHE XIII

— —

ORDRE DES OOMYCÈTES

— -

MUCORINÉES

1 à 11. — Mortierella polycephala (Coëmans) (*suite*).

1. Aspect du filament avant l'action du radium. (D'après DAUPHIN.) Gr. = 110.

2. Aspect du filament après l'action du radium prolongée pendant vingt-quatres heures. (D'après DAUPHIN.) Gr. = 160.

3. Filament ayant éclaté sous la pression interne causée par le radium et ayant reformé une membrane à l'extrémité. (D'après DAUPHIN.)

4, 5. Filament modifié sous l'action du radium. (D'après DAUPHIN.) Gr. = 670.

6, 7, 8, 9. Kystes formés sur les filaments sous l'influence du radium. (D'après DAUPHIN.)

9. Filament ordinaire. (D'après DAUPHIN.)

10. Tubes sporangifères développés sur gélose après que les spores ont été soumises à l'action des rayons X : ils sont à peine renflés. (D'après DAUPHIN.) Gr. = 110.

11. Aspect de l'extrémité des tubes sporangifères dans les milieux gélosés concentrés. (D'après DAUPHIN.) Gr. = 650.

12. — Mortierella strangulata (Van Tieghem).

12. Tube sporangifère avec les filaments ramifiés de la base. (D'après VAN TIEGHEM.) Gr. = 90.

13. — Mortierella nigrescens (Van Tieghem).

13, *a*, *b*, *c*. Zygospore (œuf) et ses premiers stades. (D'après VAN TIEGHEM.)

14. — Mortierella reticulata (Van Tieghem et Le Monnier).

14. Tubes sporangifère. (D'après VAN TIEGHEM et LE MONNIER.) Gr. = 250.

15. — Mortierella simplex (Van Tieghem et Le Monnier).

15. Stylospore. (D'après VAN TIEGHEM et LE MONNIER.) Gr. = 400.

16. — Mortierella biramosa (Van Tieghem).

16. Stylospore. (D'après VAN TIEGHEM). Gr. = 420.

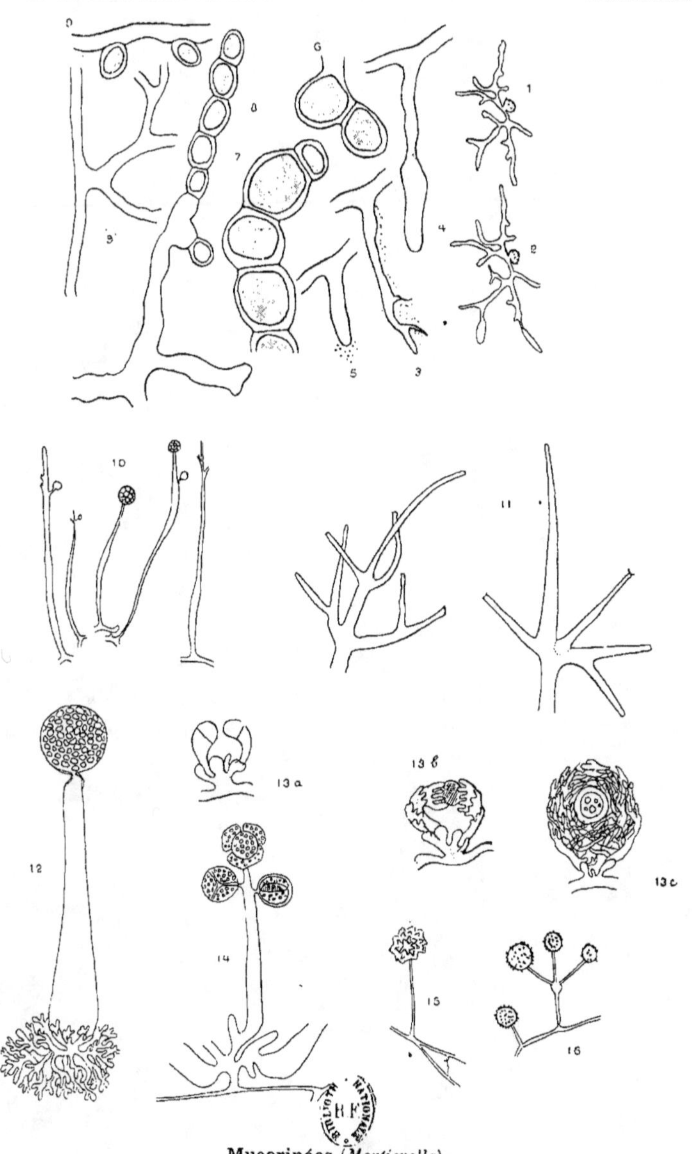

Mucorinées (*Mortierella*).

ORDRE DES OOMYCÈTES

ENTOMOPHTHORÉES

PLANCHE XIV

———

ORDRE DES OOMYCÈTES

———

ENTOMOPHTHORÉES [1]

1 à 6. — Empusa Muscæ (Cohn).

1. Mouche morte et entourée des spores de l'*Empusa*.
2. Hyphes du champignon, dont l'un porte une spore. (D'après Brefeld.) Gr. = 300.
3. Le champignon au milieu des poils de la mouche. (D'après Brefeld). Gr. = 80.
4. Spores germant. (D'après Bréfeld.) Gr. = 300.
5. Spores. (D'après Bréfeld). Gr. = 300.
6. Spore secondaire. (D'après Bréfeld.) Gr. = 300.

7. — Empusa sepulchralis [2] (Thaxter).

7. Formation de l'œuf. (D'après Thaxter.) Gr. = 200.

8 et 9. — Entomophthora arrenoctona [3] (Giard).

8. Conidies à divers états de développement. (D'après Giard.)
9. Hyphes stériles formant des touffes épaisses à filaments parallèles. (D'après Giard.)

10 et 11. — Empusa Grylli [4] (Nowakowski).

10. Spores se détachant du filament qui lui a donné naissance. (D'après Nowakowski.) Gr. = 200.
11. Spore encore fixée sur le filament qui lui a donné naissance. (D'après Nowakowski.) Gr. = 200.

12 et 13. — Entomophthora conica [5] (Nowakowski).

12. Début de la formation de l'œuf. (D'après Nowakowski.) Gr. = 200.
13. Œuf formé (D'après Nowakowski.) Gr. = 200.

14 à 18. — Entomophthora sphœrosperma [6] (Fresenius).

14. Œuf. (D'après Nowakowski.) Gr. = 350.
15. Spores. (D'après Bréfeld.) Gr. = 650.
16. Formation des spores secondaires. (D'après Bréfeld.) Gr. — 300.
17. Formation de l'œuf. (D'après Nowakowski.) Gr. = 300.
18. Formation des spores. (D'après Bréfeld.) Gr. = 300.

---

[1] Les Entomophthorées sont parasites des insectes. Quelques-unes vivent en saprophytes.
[2] Vit sur les Tipules, en Amérique.
[3] Vit sur les Tipules mâles.
[4] Vit sur les Acridiens (Criquets), les Lépidoptères, etc.
[5] Vit sur le Thrips, les Aphis, les larves de Phytonomes, les Vers luisants, la Mouche domestique, les Cousins, les Tipules, les Ichneumons, les vers papillons et chenilles, etc.

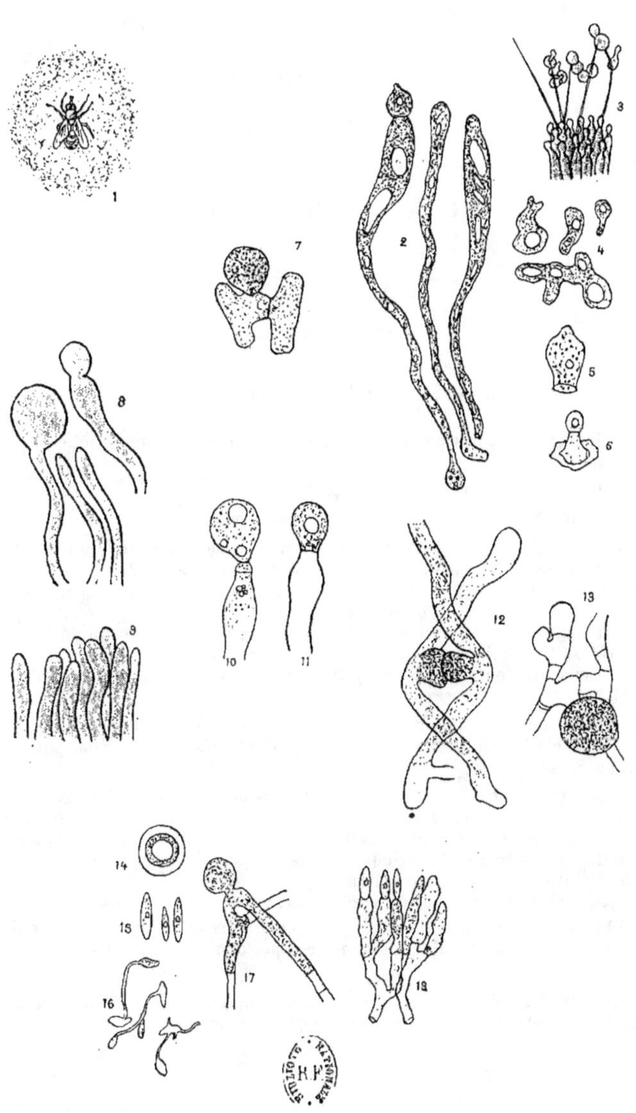

Entomophthorées (*Empusa, Entomophthora*).

PLANCHE XV

ORDRE DES OOMYCÈTES

ENTOMOPHTHORÉES

1 à 12. — Entomophthora glæospora[1] (Vuillemin).

1. Renflement terminal isolé. (D'après VUILLEMIN, comme toute la planche.) Gr. = 2.300.

2. Renflement subterminal. Gr. = 2.300.

3. Renflement intercalaire nucléé et renflement terminal vide.

4 à 7. Stades de croissance du renflement et de multiplication des noyaux. L'endospore, bien distincte, ne s'épaissit pas encore. Protoplasme presque homogène, finement granuleux au stade à quatre noyaux (4), finement réticulé au stade à douze noyaux, (6). On ne l'a pas représenté au stade à dix-huit noyaux (6), afin de montrer les gouttes réfringentes qui se réuniront ensuite à une vacuole centrale. Chaque figure représente tous les noyaux contenus dans une azygospore. Ceux qui sont dans un plan profond ont été figurés par du grisé. Gr. = 2.300.

8. Stade de réduction. Retour à douze noyaux comme dans la forme 6. Mais l'endospore est déjà épaissie et le protoplasme refoulé vers la périphérie en un réseau grossier.

9 à 11. Azygospores avec les deux derniers noyaux aplatis. La figure 9 montre l'aspect réticulé de la surface, dû à des îlots saillants de protoplasme séparés par des sillons. Les figures 10 et 11 montrent le même aspect en coupe optique.

Dans la figure 10, l'intérieur de l'azygospore contient des gouttes réfringentes plus grosses que dans la figure 7, mais encore distinctes ; dans la figure 11, les gouttes se sont réunies en une masse centrale. Gr. = 2.300.

12 et 12 *bis*. Une série d'azygospores prise vers le milieu d'un article de patte de *Mycetophila*. On voit divers stades de la période de fusion nucléaire. Gr. = 630.

---

[1] Parasite des insectes du genre *Mycetophila*, hôtes de nombreux champignons. — La planche n'est relative qu'au développement des azygospores.

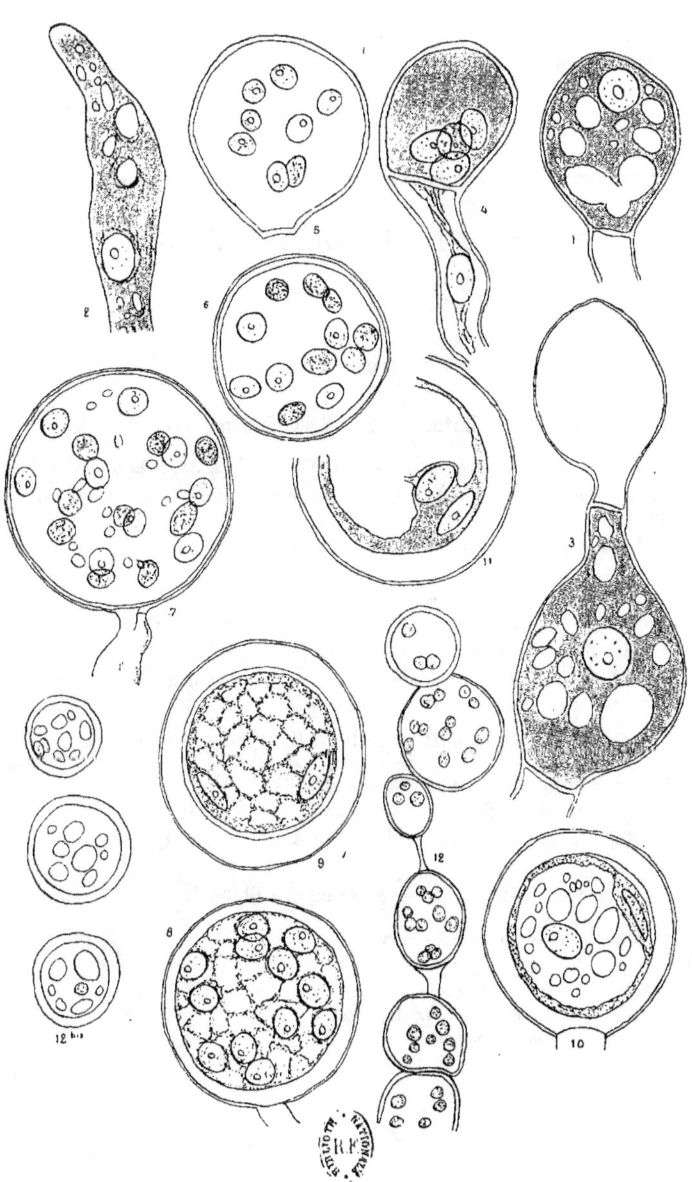

Entomophthorées (*Entomophthora glæospora*).

ORDRE DES OOMYCÈTES

ENTOMOPHTHORÉES

1 à 9. — Entomophthora saccharina [1] (Giard).

1. Poil de chenille couvert par les amas de conidies. (D'après Giard.)

2 et 3. Fragments de poils plus grossis montrant la forme des conidies. (D'après Giard.)

4. Hyphes et spores durables pris à l'intérieur de la chenille. (D'après Giard.)

5. Filament terminé par une spore durable. (D'après Giard.)

6 et 7. Conjugaison et formation de la spore durable. (D'après Giard.)

8. Amas de conidies en germination. (D'après Giard.)

9. Conidie jeune et conidie en germination. (D'après Giard.)

10 à 12. — Entomophthora Calliphoræ [2] (Giard).

10. Spore durable traitée par l'alcool. (D'après Giard.)

11. Spore durable traitée par la glycérine. (D'après Giard.)

12. Hyphe traité par la glycérine. (D'après Giard.)

13 à 20. — Massaspora Cleoni [3].

13 à 20. Formation des œufs et germination.

[1] Attaque les chenille d'*Euchelia Jacobeæ*.
[2] Attaque le *Colliphora vomitaria* (Diptères).
[3] Attaque les *Cleonus* (Coléoptères),

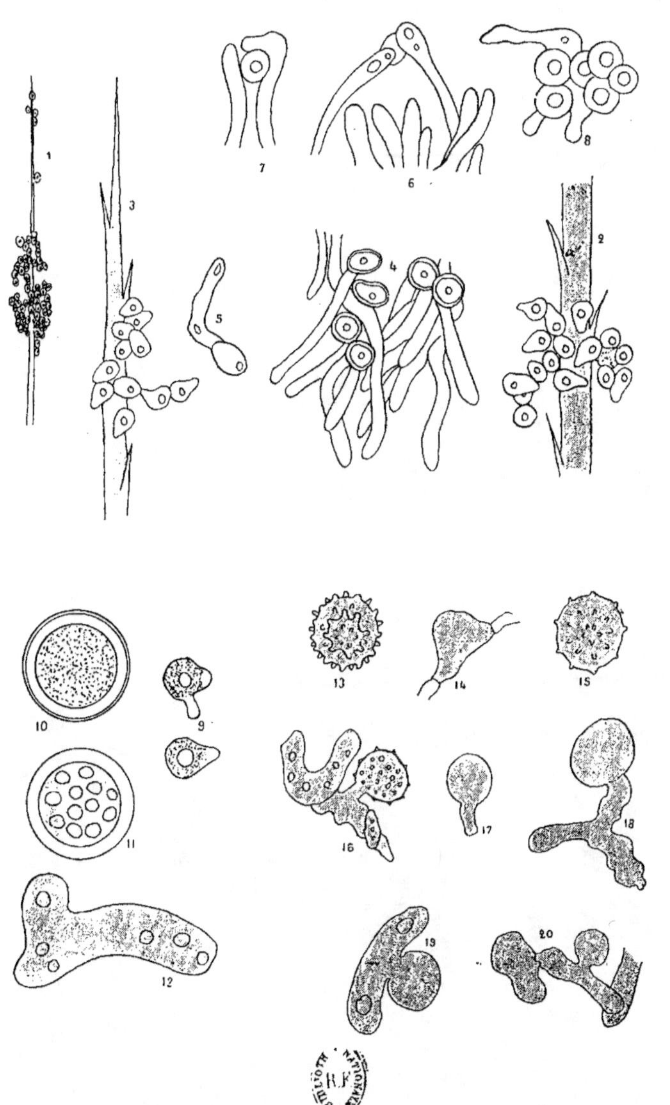

Entomophthorées (*Entomophthora, Massaspora*).

IV

ORDRE DES OOMYCÈTES

———

SAPROLÉGNIÉES ET MONOBLÉPHARIDÉES

PLANCHE XVII

ORDRE DES OOMYCÈTES

SAPROLÉGNIÉES

1 à 4. — Ostracoblabe implexa [1] (B. et F.).

1. Section transversale d'une coquille de Solen toute pénétrée par les canaux de l'*Ostracoblabe*. (D'après Bornet et Flahaut, comme les autres figures de la planche.) Gr. = 330.

2. Réseau pris vers le centre du thalle dans un fragment de coquille non décacifiée. Gr. = 330.

3. Filaments formant le pourtour du même thalle. Gr. = 330.

4. Filaments isolés par décalcification. Gr. = 745.

5-6. — Lithopythium gangliiforme [1] (B. et F.).

5. Filaments de la périphérie du thalle. Gr. = 330.

6. Coupe verticale de la partie centrale du thalle. Les grosses cellules que l'on remarque à la partie inférieure de la figure gauche appartiennent à *Hyella cæspitosa*. Gr. = 330.

Ces deux figures représentent des fragments isolés par le liquide de Pérényi.

[1] Parasite sur le test des mollusques marins. Placé dans la classification incertaine.

Saprolégniées (*Ostracoblabe, Lithopythium*).

ORDRE DES OOMYCÈTES

SAPROLÉGNIÉES [1]

1 à 4 et 9 à 15. — **Achlya racemosa** (Hild.)

1. Zoosporange, peu avant la maturité. (D'après HILDEBRAND.) Gr. = 100.
2. Amas de zoospores expulsés de zoosporanges et encore enveloppés d'une membrane délicate. (D'après HILDEBRAND.) Gr. = 100.
3. Zoospores. (D'après HILDEBRAND.) Gr. = 100.
4. Germination des zoospores. (D'après HILDEBRAND.) Gr. = 100.
9 à 15. Voir plus bas.

5. — **Achlya prolifera** (Nees).

5. Thalle, vingt-quatre heures après la germination de la zoospore sur une larve de mouche. a, suçoir primaire. Les branches inférieures du thalle se dirigent vers la larve et y enfoncent des rameaux absorbant secondaires (b). (D'après DE BARY.)

6. — **Achlya monoica** (Pringsheim).

6. Formation des œufs. a, anthéridies vides, avec leur prolongement tubuleux dans l'oogone; b, filament anthéridien; c, oogone, avec des nombreuses oosphères; d, thalle végétatif non cloisonné. (D'après PRINGSHEIM.) Gr. = 300.

7-8. — **Achlya ferax** (Nees).

7. Mouche jetée dans l'eau et couverte de filaments du champignon. Grandeur naturelle.
8. Zoosporange (d'une espèce très voisine). a, encore fermé; b, émettant des zoospores sphériques. Fixées et groupées en c devant l'ouverture, elles germent en zoospores réniformes d, perçant la membrane e. (D'après SACHS.)

9-15. — **Achlya racemosa** (Hild).

9. L'oogone n'est pas encore muni de cloison; l'anthéridie a est déjà formée; b, branche latérale née sur l'oogone qui ne produit aucune anthéridie. (D'après CORNU.) Gr. = 225.
10. Le même oogone le lendemain; deux gonosphéries se sont formées; l'anthéridie a émis deux prolongements qui se dirigent chacun vers l'une d'elles. (D'après CORNU.) Gr. = 225.
11. Autre oogone non isolé encore par une cloison. Il est muni de vacuoles, premier indice de la séparation du plasma : les vacuoles ne se montrent pas près des bords. a, anthéridie déjà complètement formée. (D'après CORNU.) Gr. = 225.
12. Le même, le lendemain. Deux gonosphéries se sont formées et chacun des deux prolongements, nés de l'anthéridie, se dirige vers l'une d'elles. (D'après CORNU,) Gr. = 225.
13 et 14. Formation des gonosphéries (oosphères). (D'après CORNU.) Gr. = 287.
15. Autre oogone renfermant une gonosphérie unique : l'anthéridie émet un prolongement unique qui s'enfonce dans la gonosphérie. (D'après CORNU.) Gr. = 170.

[1] Les Saprolégniées sont parasites (ou saprophytes) sur les animaux (ou les plantes) aquatiques, qui y vivent normalement (poissons. insectes, mollusques, crustacés, etc.) ou qui y tombent (mouches, etc.).

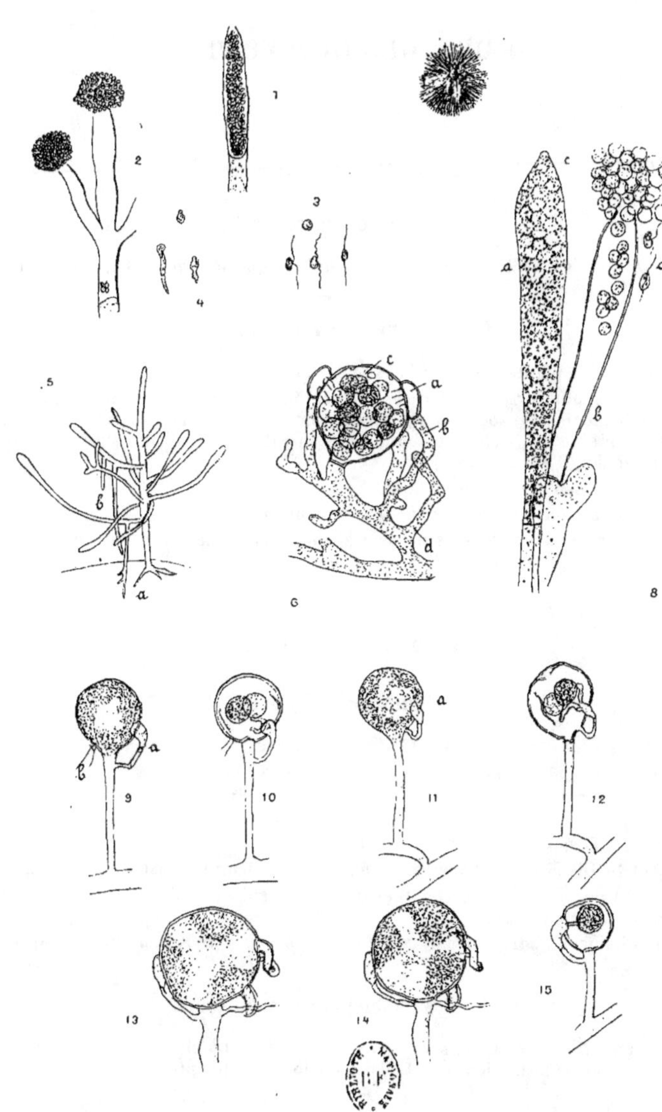

Saprolégniées (*Achlya*).

PLANCHE XIX

———

ORDRE DES OOMYCÈTES

———

SAPROLÉGNIÉES

1. — **Achlya contorta** (Nobis).

1. Anthéridies en train de se vider dans les gonosphéries. (D'après Cornu.)
Gr. = 370.

2-6. — **Rhipidium interruptum**.

2. Port de la plante. (D'après Cornu.)

3. Portion plus fortement grossie ; un seul filament est représenté en entier ; *e*, étranglements ; *sp*, zoosporange vide ; *o*, oogone contenant un œuf incolore, échiné, muni d'un globule oléagineux, central ; *a*, anthéridie terminant un rameau mâle. (D'après Cornu.)

4. Deux zoospores. (D'après Cornu.)

5. Germination des zoospores. (D'après Cornu.)

6. Un étranglement dont les parois s'épaississent et dont le canal est comblé par un bouchon de cellulose. (D'après Cornu.)

MONOBLÉPHARIDÉES[1]

7 à 21. — **Monoblepharis polymorpha**.

7. Deux sporanges superposées. (D'après Cornu.)

8 à 13. Sortie successive des zoospores. (D'après Cornu.)

14. Trois zoospores libres, en marche avec leur cil postérieur. (D'après Cornu.)

15 à 17. Formation de l'œuf. (D'après Cornu.)

18 et 19. Dispositions diverses de l'anthéridie. (D'après Cornu.)

20. Formes différentes de l'antherozoïde pendant sa reptation amiboïde sur l'oogone. (D'après Cornu.)

21. Filament chargé d'œufs ; les contours seuls sont indiqués. (D'après Cornu.)

22. — **Monoblepharis prolifera**.

22. *a*, premier sporange, soudé en *s*, au second *l*. La cloison *c* se soulève de nouveau pour la formation d'un troisième sporange. (D'après Cornu.)

———

[1] Les Monoblépharidées vivent dans les mêmes conditions que les Saprolégniées ; elles paraissent toujours être saprophytes. Il est bon de les connaître pour ne pas les confondre avec elles. Nous n'en donnons ici que deux exemples, parce qu'ils ne se rattachent qu'indirectement à notre sujet.

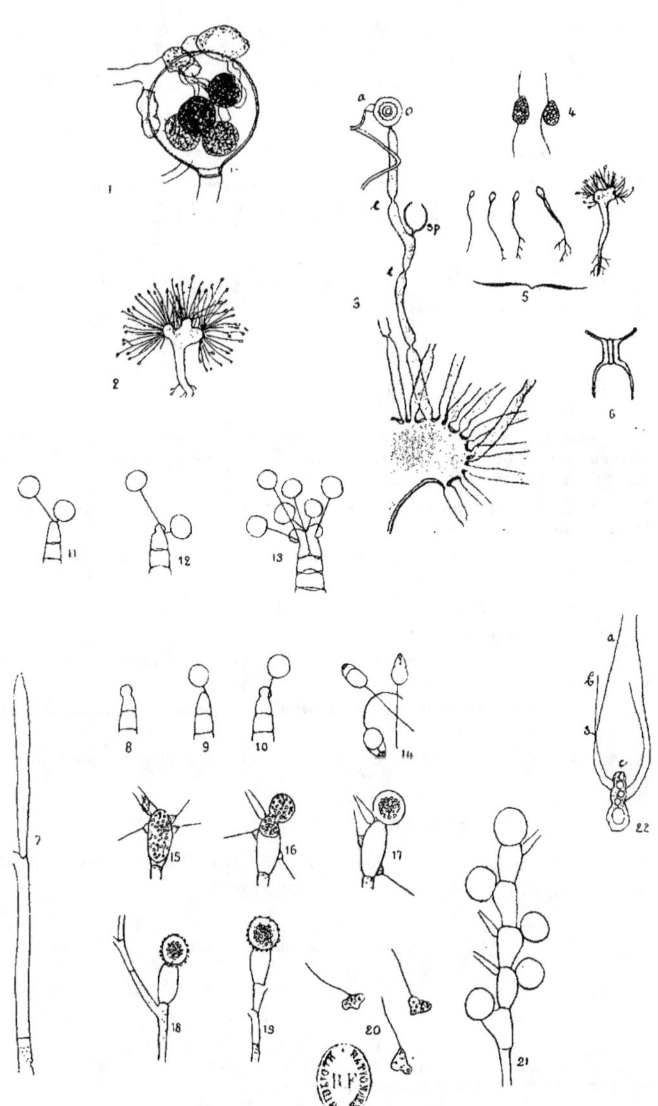

Saprolégniées (*Achlya, Rhipidium*).
Monoblépharidées (*Monoblepharis*).

ORDRE DES OOMYCÈTES

SAPROLÉGNIÉES (PARASITES DES)[1]

1 à 9. — Olpidiopsis *species* (Cornu).

1. Filament de *Saprolegnia*, renflé en sphère et contenant des sporanges d'*Olpidiopsis* en voie de développement, au milieu de trainées plasmatiques. (D'après CORNU.) Gr. = 340.

2. Sporanges plus avancés ; le plasma moins abondant a été en partie absorbé. (D'après CORNU.) Gr. = 340.

3. Filament de la même espèce avec sporanges de grosseur et de forme très diverses. (D'après CORNU.) Gr. = 170.

4. Sortie de zoospores. (D'après CORNU.) Gr. = 170.

5. Zoospores ayant à peu près la forme normale. (D'après CORNU.)

6 et 7. Filaments diversement renflés du même *Saprolegnia* contenant des sporanges vides d'*Olpidiopsis*. (D'après CORNU.)

8. Filament de *Dictyuchus monosporus* Leitgel avec sporanges de tailles diverses. (D'après CORNU.)

9. Zoospores du sporange de la figure 8., en mouvement et arrêtées. (D'après CORNU.)

10-11. — Olpidiopsis Saprolegniæ (A. Br.).

10. *Sp*, spore immobile. *a*, cellule adjacente, lisse, (D'après CORNU.) Gr. = 70.

11. Sporange (D'après FISCHER.) Gr. = 320.

12. — Olpidiopsis Index (Nobis).

12. *Sp*, spore immobile à cellule adjacente échinée. (D'après CORNU.) Gr. = 170.

---

[1] Les Saprolégniées sont très souvent attaquées par des parasites que, si l'on n'était prévenu, on confondrait avec elles. C'est dans le but d'éviter cette erreur que nous consacrons trois planches à ces champignons parasites.

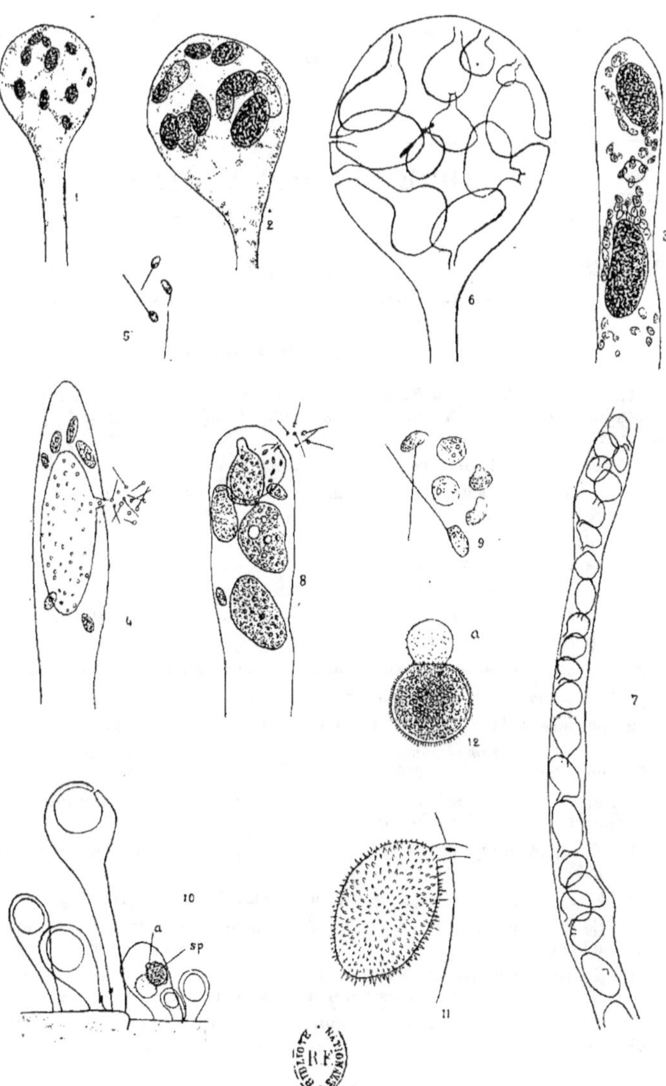

Parasites des Saprolégniées (*Olpidiopsis*).

PLANCHE XXI

———

ORDRE DES OOMYCÈTES

———

SAPROLÉGNIÉES (PARASITES DES) [1]

1 à 17. — Rozella septigena.

1. Filament d'*Achlya polyandra*, Hild. attaqué par le parasite et renfermant des sporanges à divers états. (D'après Cornu, de même que toute la planche.) Gr. = 170.

2. Forme normale des zoospores. Gr. = 550.

3. Différence de diamètre entre les masses plasmatiques qui vont se changer en zoospores. Gr. = 550.

4. Zoospores anormales aussitôt après leur sortie du sporange ; elles étaient à peu près inertes. Gr. = 860.

5. Sporange vidé du parasite. Gr. = 170.

6. Filament du *Saprolegnia* montrant les ouvertures par lesquelles sont sorties les zoospores du *Rozella*. Gr. 170.

7. Sporange du parasite, avec les deux papilles de sortie non encore dissoutes.

8. Sporanges intercalaires. Gr. = 340.

9. Sporange à deux lobes séparés par un étranglement. Gr. = 340.

10. Filament de *Saprolegnia spiralis* Nobis, avec les cloisons des sporanges définitivement formées. Gr. = 340.

11. Filament de *Saprolegnia spiralis*, accru au travers d'un sporange vidé et terminé par un jeune oogone. Gr. = 340.

12. Filament de *Saprolegnia spiralis*, avec un jeune sporange muni d'une papille Gr. = 340.

13. Filament d'*Achlya polyandra* ; premier état du *Rozella*. Gr. = 140.

14. Le même filament le jour suivant ; la vacuole a disparu. Le lendemain il avait émis des zoospores.

15. Spores immobiles du *Rozella* sur un filament de *Saprolegnia spiralis*, présentant, en outre, des sporanges qui n'ont pas tous émis des zoospores.

16 et 17. Filament du *Saprolegnia spiralis* présentant des spores immobiles de *Rozella*. Gr. = 340.

[1] Voir le renvoi de la planche précédente.

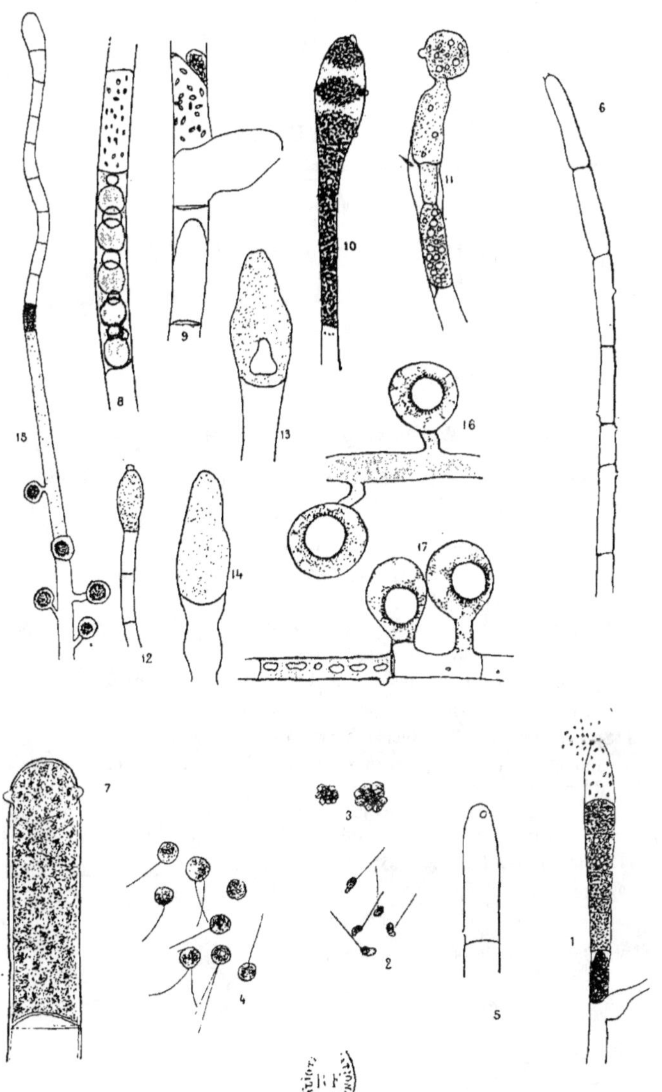

Parasites des Saprolégniées (*Rozella*)

PLANCHE XXII

———

ORDRE DES OOMYCÈTES

———

SAPROLÉGNIÉES (PARASITES DES) [1]

Woronina polycistis (Cornu).

1. *Saprolegnia spiralis* : accumulation du plasma à l'extrémité d'un filament. Aucune membrane n'existe encore. (D'après Cornu.)

2. Une membrane est visible, tandis que la partie inférieure du plasma est encore libre dans le filament. (D'après Cornu.)

3. Deux cellules se sont formées ; l'inférieure est moins riche en plasma que la supérieure. (D'après Cornu.)

4. Trois cellules sont formées. (D'après Cornu.)

5. Deux cellules sont formées. (D'après Cornu.)

6. Filament avec quatre spores immobiles. (D'après Cornu.) Gr. = 140.

7. Formation des spores. (D'après Fischer.) Gr. = 350.

8. Spores immobiles adultes. (D'après Cornu.) Gr. = 140.

9. Filament d'*Achlya polyandra* avec spores à divers états. Sporanges en partie vidés. Gr. = 140.

10. Filament d'*Achlya racemosa* Hild., muni d'oogones et d'anthéridies, renfermant, en outre, trois spores immobiles de *Woronina*. (D'après Cornu.) Gr. = 140.

11. Sore adulte. (D'après Cornu.) Gr. = 340.

12. Deux sores. (D'après Cornu.) Gr. = 140.

[1] Voir le renvoi de la planche XX.

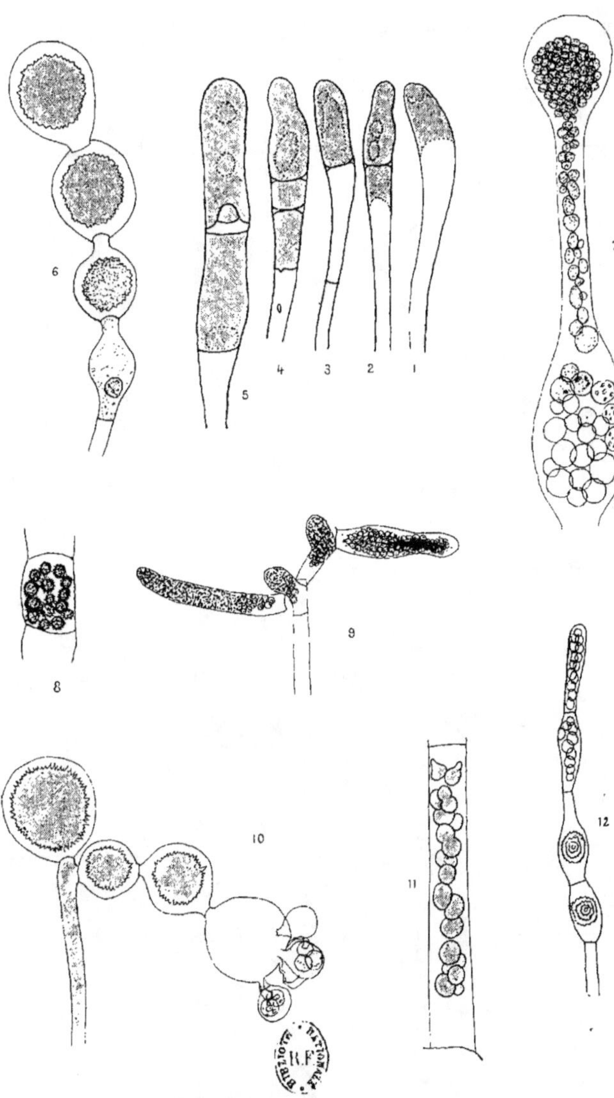

Parasites des Saprolégniées (*Woronina*).

V

ORDRE DES ASCOMYCÈTES

DISCOMYCÈTES ET PÉRISPORIACÉES

PLANCHE XXIII

———

ORDRE DES ASCOMYCÈTES

———

DISCOMYCÈTES

1 à 6. — **Endomyces albicans**[1] (VUILLEMIN).

1. Globules procédant des filaments, dans une plaque de muguet. (D'après VUILLEMIN, de même que toute la planche.)

2. Mycélium perforant les tissus d'un chapeau de *Tricholoma rutilans*.

3. *a*, globule isolé. — *b*, globules bourgeonnant à la façon des levures dans une plaque de muguet.

4. Globule introduisant un tube dans le chapeau d'un *Tricholoma rutilans*.

5. Chronispore précédée d'un renflement pyriforme.

6. Chronispores terminant un système de ramification.

(Voir à la planche suivante la suite de l'histoire de l'*Endomyces albicans*).

———

[1] Vit surtout dans la bouche, où il produit le *muguet*. Se trouve aussi sur les cordes vocales inférieures, dans le pharynx, l'œsophage, l'estomac, dans l'anus, la vulve, le vagin, sur le sein des nourrices. A été rencontré chez le Poulain, le Veau, la Dinde. Inoculé au Lapin, s'est montré pathogène. Cultivable, entre $+ 20°$ et $+ 39°$, sur bouillon, gélatine, pomme de terre, carotte (très bien), betterave, sérum coagulé. Se cultive mal dans le lait et pas du tout dans la salive.

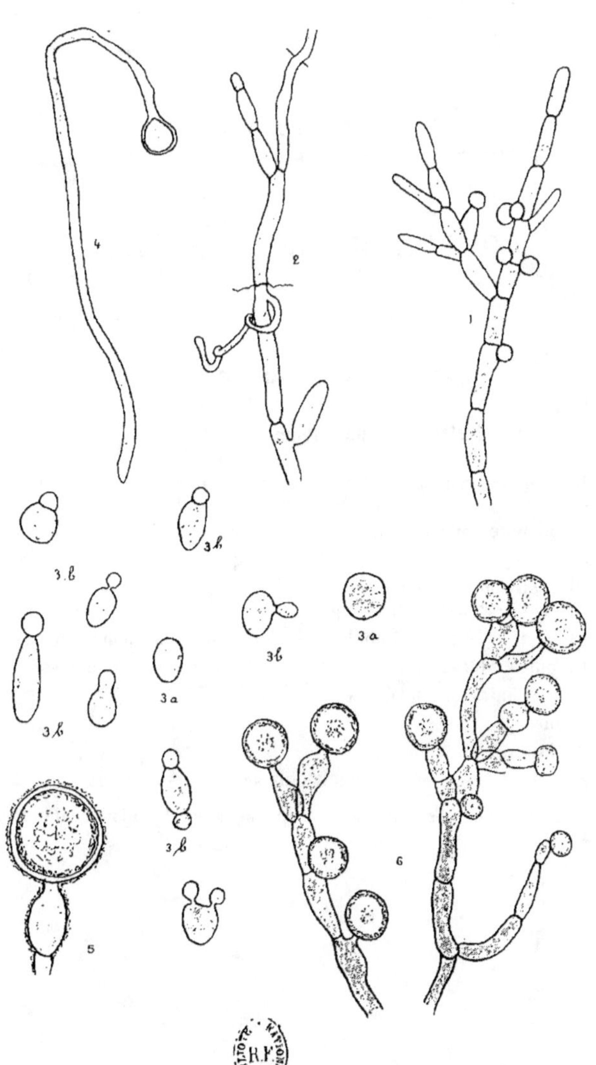

Ascomycètes Discomycètes (*Endomyces albicans*).

ORDRE DES ASCOMYCÈTES

DISCOMYCÈTES

7 à 16. — Endomyces albicans (*suite*).

7. Chronispore germant. (D'après Vuillemin, de même que les autres figures de la planche.)

8. Chronispore bourgeonnant prématurément.

9. Cellule rejetant successivement ses tuniques.

10. Rameau court à membrane stratifiée, se couvrant de bourgeons sans être complètement organisé en chronispore.

11. Globules internes et globules externes issus d'un même filament.

12. Globules internes dans un rameau court à membrane épaissie.

13. Asques naissant d'un élément tuniqué.

14. Asques.

15. Ascospore.

16. Ascospores maintenues dans l'épiplasme.

(Voir, à la planche précédente, le commencement de l'histoire de l'*Endomyces albicans*.)

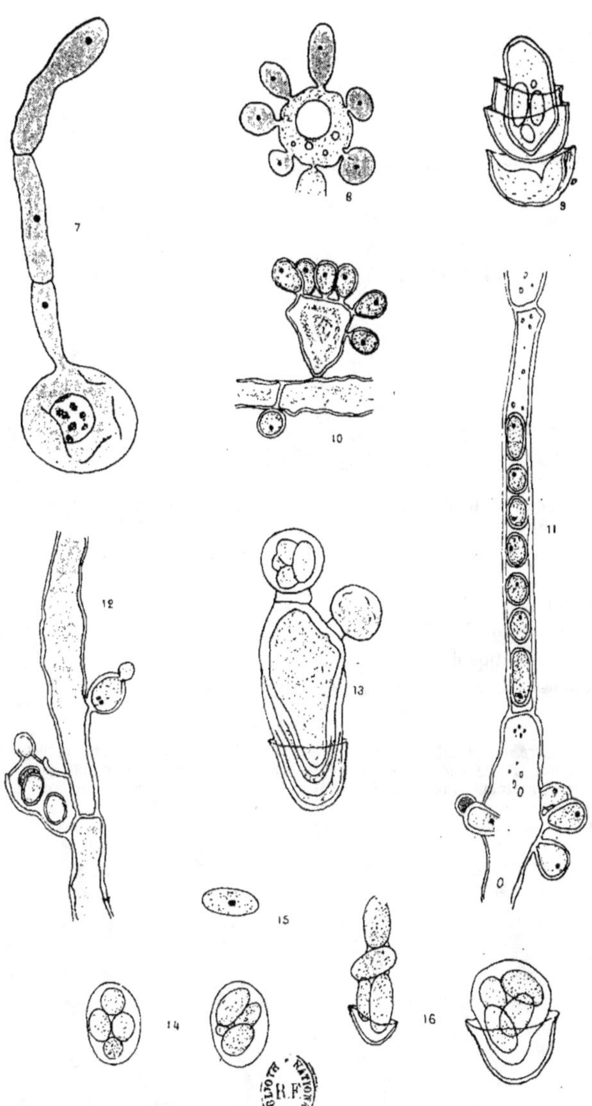

Ascomycètes Discomycètes (*Endomyces albicans*).

ORDRE DES ASCOMYCÈTES

DISCOMYCÈTES

Genre **Peziza**[1].

1. Aspect habituel de Pezizes : ce sont des coupes charnues (plus petit que grandeur naturelle).

2. Pezize coupée en long : *a*, périthèce; *b*, couche des asques (hyménium).

3. Portion de l'hyménium vue au microscope : *a*, paraphyses; *b*, jeune asque; *c*, asques contenant huit spores.

4, 5, 6, 7, 8. Conidies de diverses Pezizes. (D'après Brefeld.) Gr. = 200.

9 à 15. Formation des asques.

16. Conidies de *Peziza repanda*. (D'après Brefeld.) Gr. = 240.

[1] Tout un groupe de petits Pezizes a été trouvé dans le bouchon cérumineux d'une femme atteinte d'otite aiguë. C'est pour cela que nous consacrons une planche aux Pezizes, qui, habituellement, vivent en saprophytes dans les bois, à terre, sur les troncs d'arbres et dont les dimensions sont parfois celles d'un œuf ou même du poing. L'étrange observation citée plus haut aurait besoin d'être confirmée par d'autres médecins.

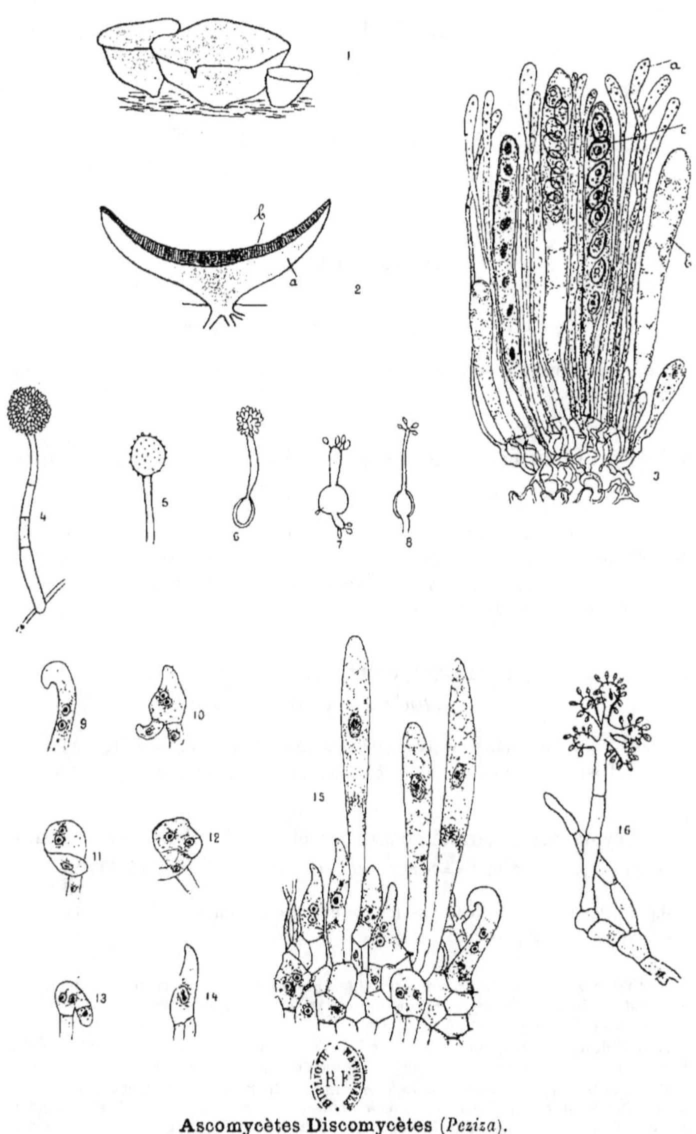

Ascomycètes Discomycètes (*Peziza*).

ORDRE DES ASCOMYCÈTES

DISCOMYCÈTES

1. — **Cryptococcus Gilchristi** [1] (Vuillemin).

1. Forme la plus habituelle, avec un bourgeon. (Figure probablement inexacte d'après Gilchrist.)

2 à 7. — **Cryptococcus lithogenes** [2] (Vuillemin) (= *Saccharomyces lithogenes* San Felice).

2, 3, 4. Parasites normaux observés à l'état frais. (D'après San Felice.)

5, 6. Parasite ayant subi la dégénérescence calcaire. (D'après San Felice.)

7. Parasite ayant bourgeonné en même temps qu'il était atteint de dégénérescence calcaire. (D'après San Felice.)

8 et 9. — **Cryptococcus guttulatus** [3] (Ch. Robin) (= *Saccharomyces guttulatus* Winter).

8. Dans l'intestin du Lapin. (D'après Casagrandi et Buscalioni.) Gr. = 580.

9. Dans l'estomac du Lapin. (D'après Casagrandi et Buscalioni.) Gr = 580.

10. — **Cryptococcus farciminosus** [4] (Rivolta et Micellone) (= *Saccharomyces equi* Marcone = *Cryptococcus Rivoltæ* Fermé et Aruch).

10. Cellules du centre des tumeurs et des nodules ramollis (D'après Marcone.) Gr. = 700.

[1] Trouvé dans un cas de scrofulodermatite chronique et un cas de pseudolupus vulgaire. Non pathogène? pour les Souris, le Cobaye, le Lapin. Pathogène? pour le Cheval et le Cobaye après avoir passé par le Chien.

[2] Trouvé dans les glanglions lymphatiques d'un Bœuf mort de carcinomatose généralisée. Mortel pour le Cobaye et la Souris. Non mortel pour le Mouton.

[3] Vit dans le mucus intestinal normal du Lapin, du Bœuf, du Mouton, du Porc, des Oiseaux, des Reptiles. En injections sous-cutanées et intra-mammaires, il est pathogène pour le Cobaye, le Rat, le Lapin, la Poule, et les fait mourir entre quinze et trente jours.

[4] Provoque la lymphangite épizootique du Cheval et du Mulet (farcin de rivière ou farcin d'Afrique). Par inoculation du pus, pathogène pour le Cheval, le Mulet et l'Ane.

11 et 12. — **Cryptococcus Tokishigei** [1] (Vuillemin).

11 Les parasites dans le pus d'un abcès, *a*, leucocyte renfermant un grand nombre de parasites. (D'après Tokishige.)

12. Eléments en culture sur agar. (D'après Tokishige.)

13 et 14. — **Cryptococcus linguæ-pilosæ** [2] (Vuillemin) (= *Saccharomyces linguæ-pilosæ* Lucet).

13. Culture de quarante-huit heures à 37° en liquide Raulin. (Schématique.)

14. Cellules isolées des papilles linguales hypertrophiées. (Schématiques.)

15. — **Cryptococcus species** (de Gotti et Brazzola [3]).

15. Le parasite dans le jetage muqueux d'une jument. (D'après Gotti et Brazzola.)

16. — **Cryptococcus degenerans** [4] (Vuillemin) (= *Blastomyces vitro simile degenerans* Roncali).

16. Le parasite dans les cellules épithéliales de revêtement d'un kyste de l'adénocarcinome. (D'après Roncali.)

17 et 18. — **Monospora cuspidata** [5] (Metschnikoff).

17. Asque monospore. (D'après Metschnikoff.)

18. Bourgeonnement. (D'après Metschnikoff.)

19. — **Cryptococcus hominis** [6] (Vuillemin).

19. Groupes d'éléments enveloppés dans une capsule commune. (D'après Busse).

[1] Produit, au Japon, le farcin des Chevaux. Les cultures sont pathogènes pour le Cheval et inactives pour le Cobaye et le Porc.

[2] Rencontré dans un cas de langue noire pileuse. Pathogène pour la Souris, non pour la Poule, le Cobaye, le Lapin.

[3] Dans le jetage muqueux d'une jument atteinte de myxosarcome des fosses nasales. Pathogène pour le Cobaye, non pour le Rat blanc, le Lapin, le Chien, le Mouton, l'Ane, le Cheval.

[4] Trouvé dans un épithélioma de la langue, un adénocarcinome du côlon transverse, un adénocarcinome de l'ovaire, un ganglion de l'aisselle d'une femme atteinte d'un cancer du sein. Pathogène pour le Cobaye.

[5] Trouvé sur des petits crustacés du genre Daphnie.

[6] Trouvé dans une périostite chronique du tibia. Pathogène pour le Lapin et la Souris blanche, non pour le Chien ? et le Lapin.

20 et 21. — Saccharomyces tumefaciens [1] (Busse) (= *Saccharomyces subcutaneus tumefaciens* Curtis).

20. Culture sur agar, au bout de quarante-huit heures, à 37°. (D'après Curtis.)
21. Parasite muni d'une grosse capsule gélifiée. (D'après Curtis.)

22. — Saccharomyces anginæ [2] (Vuillemin).

22. Globules bourgeonnant et asques. (D'après Troisier et Achalme.)

23. — Saccharomyces ellipsoïdeus [3] (Reess).

23. Asques et globules bourgeonnant. (D'après Bréfeld.) Gr. = 350.

[1] Trouvé dans un abcès lombaire et une tumeur myxomatiforme de la hanche. Pathogène pour le Rat et la Souris.
[2] Trouvé dans une angine évoluant comme le muguet.
[3] Produit généralement la fermentation du vin. Trouvé aussi dans un cas d'otite moyenne chronique.

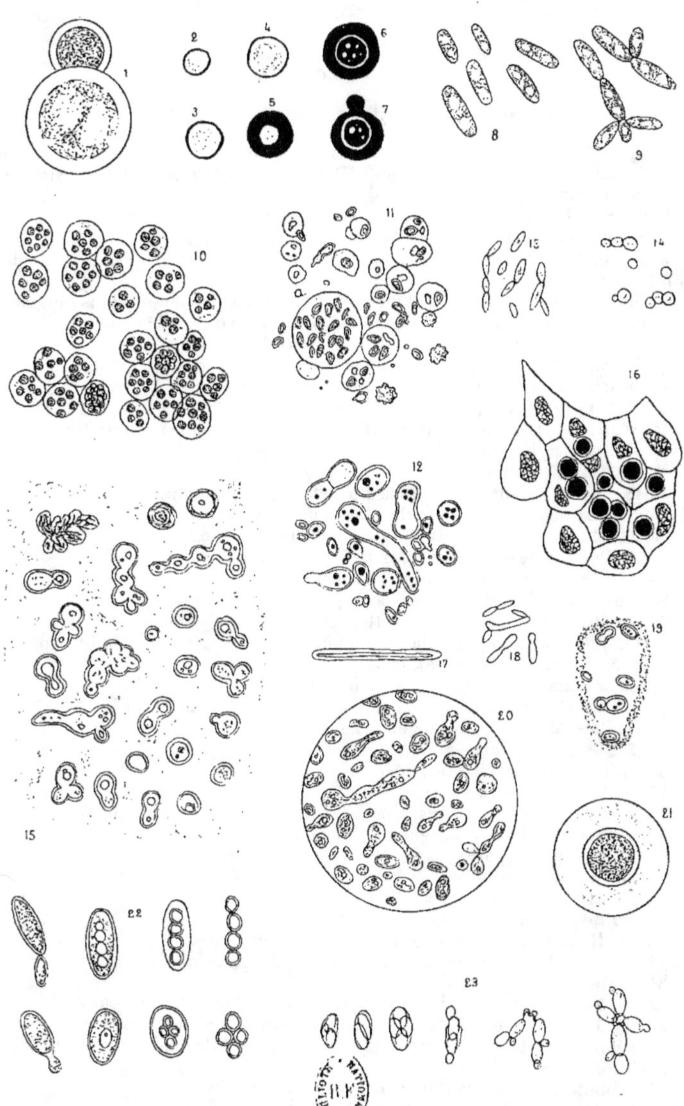

Ascomycètes Discomycètes (*Cryptococcus, Monospora, Saccharomyces*).

ORDRE DES ASCOMYCÈTES

DISCOMYCÈTES

Saccharomyces granulatus[1] (Vuillemin et Legrain).

1. Aspect habituel du globule végétatif. (D'après Vuillemin et Legrain, comme toute la planche.) Gr. = 2.300, comme les figures suivantes. — Coloration au bleu de toluidine.

2. Globule bourgeonnant : caryosome violet dédoublé dans la cellule-mère ; tache colorée en rouge sombre dans le bourgeon.

3, 4. Globules bourgeonnants : on ne voit pas de caryosome violet, mais des grains rouges.

5. Globule commençant à bourgeonner : caryosome violet et grains rouges.

6. Epaississement du col d'une cellule bourgeonnante (fuchsine).

7, 9. Ornementation de la cuticule (bleu de toluidine).

7. Cuticule granuleuse (culture sur décoction de carottes).

8. Cuticule ornée de lignes ramifiées (culture sur bloc de plâtre).

9. Cuticule réticulée (culture sur bloc de plâtre).

10, 12. Cellules en boudin naissant de cellules sphériques ou elliptiques.

10. Culture en bouillon.

11, 12. Culture sur gélose.

13-15. Colonies dans une culture sur gélose âgée d'un an.

16, 25. Expulsion d'une vacuole à contenu rose.

16-20. Sédiment d'une culture d'un an sur bouillon de Nœgeli.

21-25. Culture desséchée de deux mois sur carotte.

26, 27. Dégénérescence cornée de la membrane.

26. Culture en bouillon de Gedloest.

27. Culture en décoction de carotte : culture de cinq mois.

28-30. Rétraction du protoplasme en une ou plusieurs boules (culture, datant de cinq mois, sur décoction de carotte).

31, 39. Formation des sporanges (culture sur bloc de plâtre).

31, 32. Ebauches des spores dans des globules à membrane épaisse.

33-36. Rejet de la membrane externe.

37, 39. Cuticule reformée après la mue.

38. Cuticule granuleuse reformée.

40-45. Libération des spores.

45. Groupe de quatre spores dépouillées de la membrane des sporanges.

46. Groupe des spores reprenant la végétation.

47, 51. Chlamydospores.

47. Culture sur gélose.

48, 50, 51. Culture sur décoction de carotte.

49. Culture sur plâtre.

52, 54. Mue des globules végétatifs (culture sur plâtre).

52, 53. La cuticule granulée pend à la base du globule.

54. Globule qui vient de muer.

55, 59. Fausse-mue (jeune culture sur carotte et décoction de carotte).

55, 56. Le petit globule à cuticule rigide se vide dans deux bourgeons.

57. Globule (en bas) vidé au profit d'un bourgeon-fille (en haut) et deux bourgeons intercalaires.

58. Globule vidé au profit d'un bourgeon volumineux.

59. Dilatation terminale simulant une germination.

60, 61. Bourgeonnement intercalaire.

[1] Trouvé dans une tuméfaction placée au niveau de la face externe de la branche montante du maxillaire gauche et à la partie médiane, chez un homme de trente-sept ans.

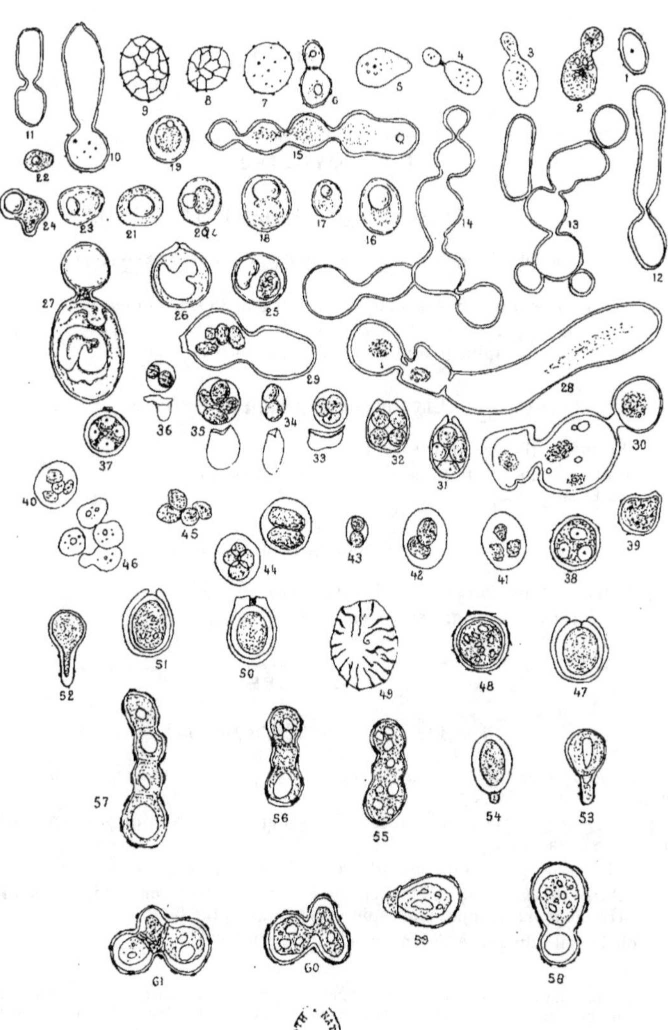

Ascomycètes Discomycètes (*Saccharomyces granulatus*).

PLANCHE XXVIII

ORDRE DES ASCOMYCÈTES

DISCOMYCÈTES

1 à 5. — **Saccharomyces Blanchardi**[1] (Guiart).

1 et 2. Blastomycètes en voie de germination. (D'après BLANCHARD, SWARTZ et BINOT.)

3 et 4. Spores pluriseptées. (D'après BLANCHARD, SWARTZ et BINOT.)

5. Culture de quarante-huit heures sur gélose sucrée, après ensemencement avec de la rate de lapin. (D'après BLANCHARD, SWARTZ et BINOT.)

6 et 7. — **Cryptococcus Anobii**[2] (Escherich).

6. En place. (D'après ESCHERICH.)

7. Culture dans l'eau sucrée à 1 p. 100, pendant quarante-huit heures, à 37° (D'après ESCHERICH.)

8 et 9. — **Cryptococcus Kleinii**[3] (E. Cohn).

8. Dans le corps d'une souris. (D'après ERICH COHN.)

9. Cultivé sur moût agarisé. (D'après ERICH COHN.)

PÉRISPORIACÉES

10 à 13. — Genre **Trichophyton**[4].

10. *Trichophyton* endo-ectothrix au niveau d'un poil d'une trichophytie d'origine animale. (D'après BODIN.)

11. *Trichophyton tonsurans*. Coupe en long d'un cheveu atteint par le parasite. (D'après SABOURAUD.)

12. Chlamydospores dans les cultures de *Trichophyton*. (D'après GEDLOEST.)

13. *Trichophyton* à cultures blanches du cheval ; culture en bouillon mannité au quatrième jour. Grappes jeunes de conidies. (D'après BODIN.) Gr. = 570.

(Voir la suite du genre *Trichophyton* à la page suivante.)

---

[1] Formant une masse d'environ un kilogramme dans le péritoine d'un malade dans lequel on soupçonnait une péritonite et une appendicite tuberculeuses. Pathogène pour divers animaux.

[2] Trouvé dans les cellules de la paroi intestinale des larves d'un coléoptère, l'*Anobium paniceum*.

[3] Trouvé dans du lait qui était mortel pour de petits animaux de laboratoire.

[4] Les *Trichophyton* produisent une partie des teignes de l'homme et de divers animaux.

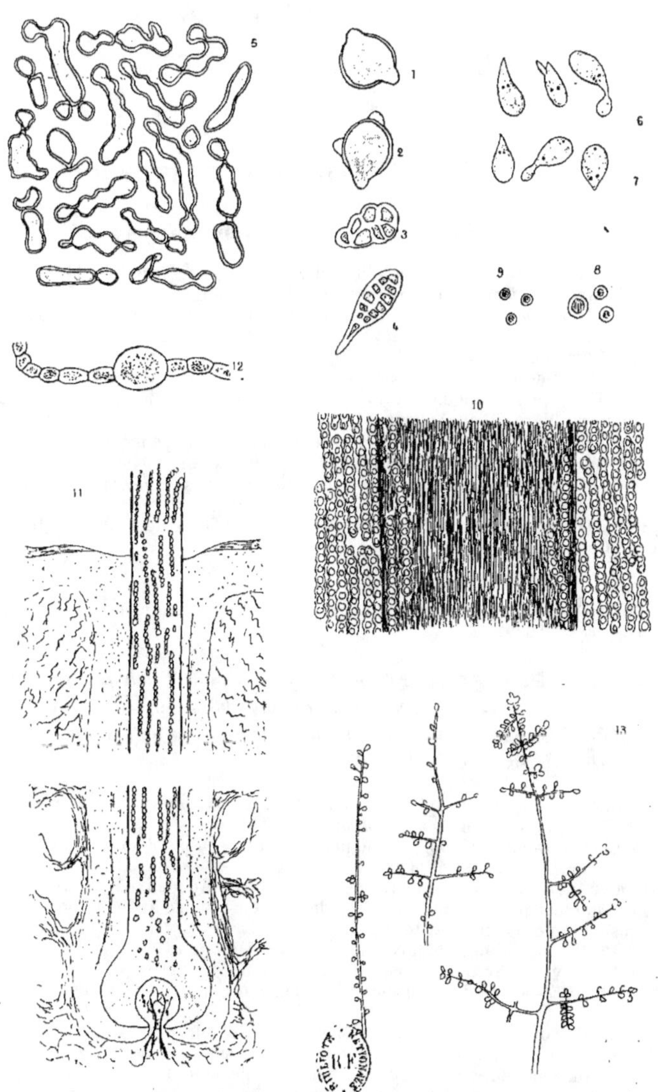

Ascomycètes Discomycètes (*Saccharomyces, Cryptococcus*).
Périsporiacées (*Trichophyton*).

ORDRE DES ASCOMYCÈTES

PÉRISPORIACÉES

1 à 13. — Genre Trichophyton (*suite*).

1. Forme pléomorphique du Trichophyton pyogène à culture blanche du cheval : hyphe *Acladium*. (D'après GEDLOEST.)

2. *Trichophyton* à cultures blanches du chat. Culture en cellules sur bouillon au septième jour. Grappe jeune de conidies. (D'après BODIN.) Gr. = 570.

3, 4. Trichophyton du cheval à cultures blanches. Filament en spirale. Culture sur moût de bière au quinzième jour. (D'après BODIN.) Gr. = 480.

5, 6. Trichophyton du cheval à cultures blanches. Fuseaux dans une culture sur moût de bière. (D'après BODIN.) Gr. = 480.

7, 8. Trichophyton du cheval à culture blanche. Chlamydospores. Culture en cellules sur bouillon, au dixième jour. (D'après BODIN.) Gr. = 480.

9. Trichophyton flaviforme de l'âne. Naissance des conidies à l'extrémité d'un filament mycélien. (D'après BODIN.) Gr. = 480.

10 et 11. Trichophyton flaviforme de l'âne. Chaînes de conidies. (D'après BODIN.) Gr. = 180.

12. Trichophyton flaviforme de l'âne. Formes oïdiennes. (D'après BODIN.) Gr. = 480.

13. Trichophyton flaviforme de l'âne. Filament mycélien cloisonné. (D'après BODIN.) Gr. = 480.

14 à 26. — **Microsporon Audouini**[1] (Grüby) (= *Trichophyton decalvans* Malmsten = *Trichomyces decalvans* Malmsten = *Sporotrichum Audouini* Saccardo = *Trichophyton microsporum* Sabouraud = *Martensella microspora* Vuillemin).

14. Cheveu humain envahi par le parasite et mis au point sur la partie supérieure de la préparation. (D'après BODIN.)

15. Cheveu humain envahi par le parasite et mis au point sur le plan moyen de la préparation. (D'après BODIN.)

16 à 20. Germination des spores de la vie parasitaire (deuxième jour).

17. Filament de mycélium régulier donnant naissance à des rameaux contournés en lanières (cinquième jour).

18, 19. Formation des chlamydospores (cinquième jour).

20. Chlamydospore développée (sixième jour).

21 à 25. Grosses conidies fuselées dans les cultures. (D'après BODIN.) Gr. = 480.

21, 22. Culture sur bouillon mannité au septième jour.

23, 24. Culture sur milieu d'épreuve au vingt et unième jour.

25. Culture sur milieu d'épreuve au vingt-septième jour.

26. Formes pectinées. (D'après SABOURAUD.)

[1] Produit la teigne tondante des enfants.

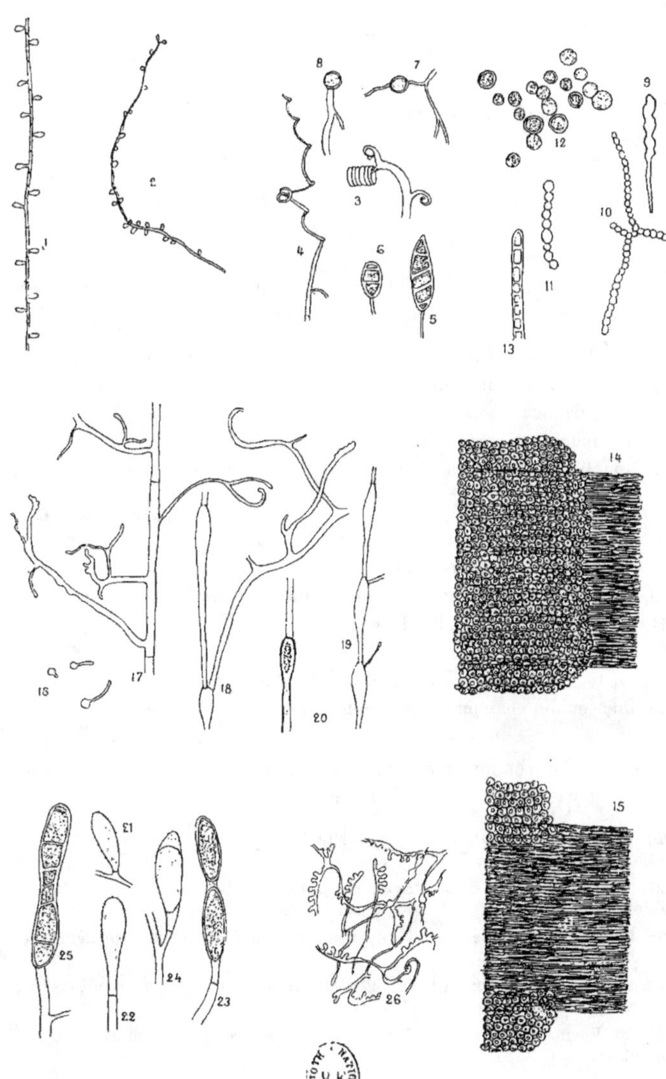

Ascomycètes Périsporiacées (*Trychophyton. Microsporon Audouini*).

ORDRE DES ASCOMYCÈTES

PÉRISPORIACÉES

1 à 18. — Microsporon Audouini var. equinum[1] (= *Microsporon equinum* Bodin = *Trichophytum minimum* Le Calvi et Malherbe).

1 à 8. Culture en cellules sur bouillon mannité. (D'après Bodin.) Gr. = 430.

1, 2, 3. Chlamydospores en voie de formation au sixème jour.

4, 5, 6. Chlamidospores au quinzième jour.

7. Chlamydospore terminale.

8. Gros filament de mycélium régulier, avec rameaux latéraux (sixième jour).

9. Culture en cellule sur bouillon mannité. Grosses conidies fuselées et échinulées (septième jour). (D'après Bodin.) Gr. = 430.

10 à 18. Culture sur agar au moût de bière (quinzième jour). (D'après Bodin.)

10. Forme *Endoconidium* jeune à l'extrémité d'un filament. Gr. = 480.

11. Forme *Endoconidium* plus développée. Gr. = 630.

12, 13. Conidies isolées.

14, 15, 15, 16, 17. Bourgeonnement de conidies.

18. Une conidie commençant à végéter à l'extérieur du filament flétri.

20 à 28. — Microsporon Audouini var. Canis[2] (= *Microsporon Canis* Bodin).

20. Formation de chlamydospores sur le trajet des filaments. Culture en bouillon (huitième jour). (D'après Bodin et Almy.)

21, 22. Chlamydospores plus avancées dans leur développement. Culture sur bouillon (vingtième jour). (D'après Bodin et Almy.)

23, 24. Conidies fuselées. Culture sur agar au moût de bière (vingtième jour). (D'après Bodin et Almy.)

25, 26. Hyphes fertiles du type *Acladium*. Culture sur agar au moût de bière. (huitième jour). (D'après Bodin et Almy.)

27, 28. Formes pectinées. Culture sur gélatine (troisième semaine). (D'après Bodin et Almy.)

[1] Produit l'herpès contagieux des Chevaux jeunes, des Mulets, des Chiens. Très polymorphe.

[2] Produit la teigne à petites spores des Chiens.

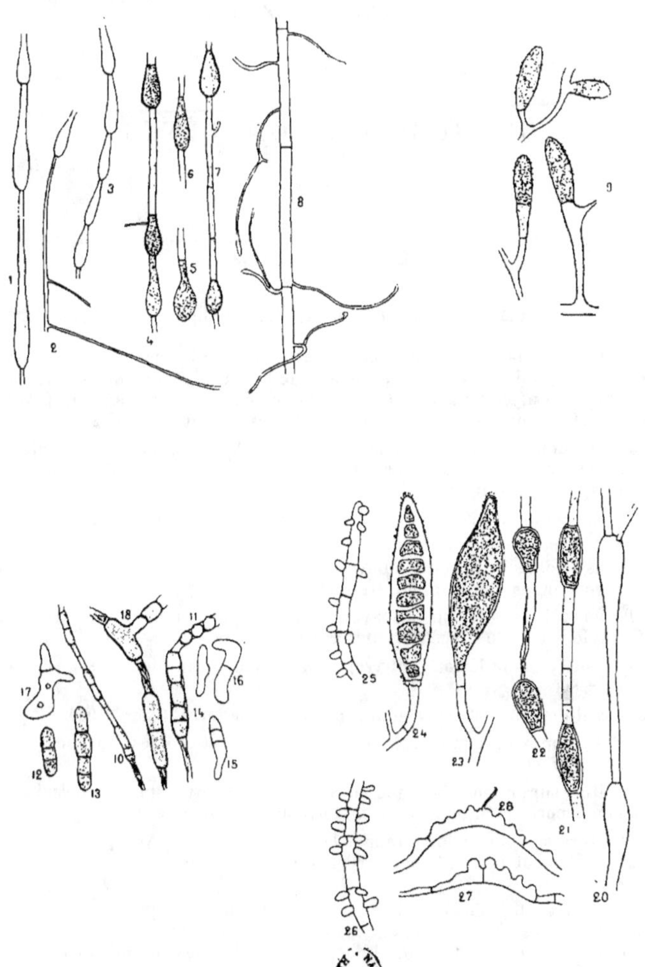

Ascomycètes Périsporiacées (*Microsporon Audouini*),

PLANCHE XXXI

ORDRE DES ASCOMYCÈTES

PÉRISPORIACÉES

1 à 14. — Trichophyton caninum[1] (Matruchot et Dassonville).

1. Le parasite dans la lésion (Chien) : une portion de la base du poil est représenté en grisé ; à droite est l'emplacement du follicule pileux ; on voit des chapelets de spores mycéliennes occupant le follicule et la surface du poil. (D'après Matruchot et Dassonville de même que les autres figures.) Gr. = 580.

2, 3, 4. Principaux aspects du mycélium dans la lésion montrant toutes les transitions entre le mycélium jeune et dissocié et le mycélium entièrement transformé en spores mycéliennes. Gr. = 580.

5, 6. Aspects analogues aux précédents, provenant encore d'une lésion chez le chien. Gr. = 800.

7. Parasite dans la lésion (Cobaye) : Filament partiellement transformé en spores mycéliennes, non ramifié. Gr. = 800.

8. Parasite dans la lésion (Cobaye) : Filament présentant la vraie ramification, à angle droit, du mycélium. Gr. = 800.

9. Parasite dans la lésion (Cobaye) : Filament montrant une fausse ramification. Gr. = 800.

10. Mycélium courant, long et fin, sur pomme de terre. Gr. = 1.000.

11. Mycélium bourgeonnant, à branches grosses et courtes, sur pomme de terre. Gr. = 1.000.

12. Culture sur milieu Sabouraud au glucose : a, chlamydospores intercalaires ; b, chlamydospores latérales ; h, hernie mycélienne. Gr. = 670.

13. Culture sur milieu Sabouraud à la mannite : a, chlamydospores latérales ovales sur filament large ; b, chlamydospores claviformes sur mycélium grêle. Gr. = 670.

14. Culture sur liquide Molisch, douze jours : a, chlamydospores intercalaires ; b, chlamydospores latérales ; a', enkystement total d'un article mycélien et de son bourgeon latéral ; f, fuseaux biloculaire ; h, hernies mycéliennes ; t, tortillons spirales. Gr. = 670.

[1] Produit la folliculite dépilante du Chien. Peut être communiqué par simple contact au Cobaye. Une variété (Sabouraud) a, en culture, une teinte café au lait clair.

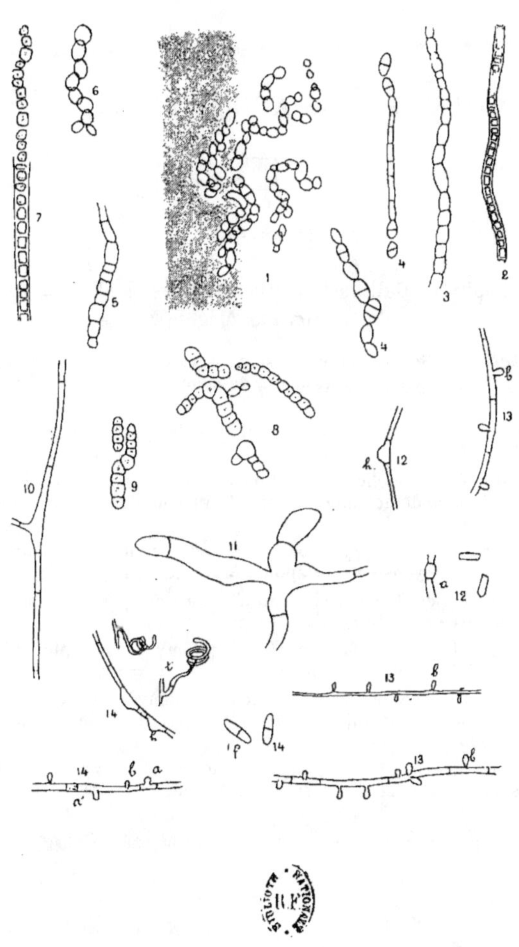

Ascomycètes Périsporiacées (*Trichophyton caninum*).

ORDRE DES ASCOMYCÈTES

PÉRISPORIACÉES

1 à 8. — **Lophophyton Gallinæ**[1] (Matruchot et Dassonville) (= *Epidermophyton Gallinæ* Mégnin).

1. Le *Lophophyton Gallinæ* dans la lésion : *a*, mycélium stérile ; *b*, mycélium durable. (D'après MATRUCHOT et DASSONVILLE de même que les autres figures.) Gr. = 575.

2. Culture du parasite sur gélose de bœuf : *a*, chlamydospores ; *b*, renflements mycéliens. Gr. = 480.

3. Culture sur sérum de cheval : *a*, cellules en voie de cloisonnement ; *h*, morceaux de mycélium se détachant d'un bloc, à la façon d'une hormogonie. Gr. = 480.

4. Culture sur pomme de terre : *c*, hernies mycéliennes ; *d*, chlamydospores intercalaires ; *b*, chlamydospore terminale. Gr. = 480.

5. Culture sur milieu Sabouraud mannité : *a*, *b*, hernies et renflement mycéliens ; *c*, chlamydospores intercalaires. Gr. = 575.

6. Culture sur gélose de bœuf glycérinée : *a*, chlamydospores pluricellulaires : *c*, développement d'une chlamydospore en fuseau. Gr. = 480.

7. Culture sur milieu Sabouraud maltosé : *a*, chlamydospores intercalaires : *d*, chlamydospore terminale unicellulaire ; *f*, chlamydospore terminale pluricellulaire. Gr. = 480.

8. Culture sur pomme de terre glycérinée : *a*, chlamydospores bicellulaires : *b*, chlamydospores fourchues ; *c*, hernie mycélienne. Gr. = 480.

[1] Cause le favus de la crête des Poules. Inoculable à la Poule, au Lapin, à l'homme, à la Souris, mais non au Rat.

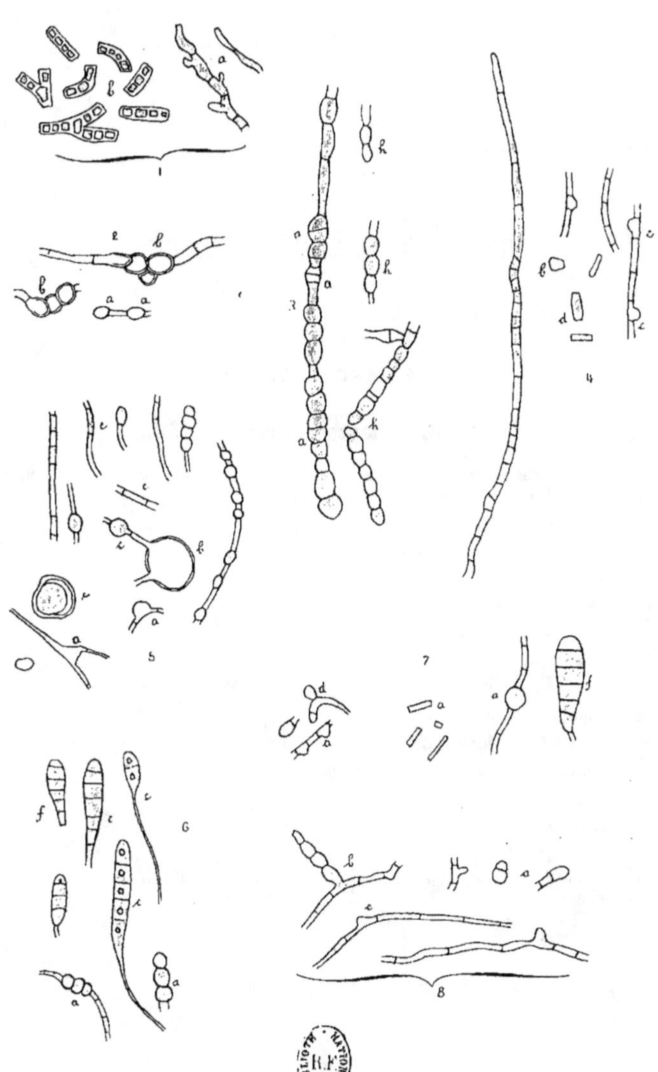

Ascomycètes Périsporiacées (*Lophophyton Gallinæ*).

PLANCHE XXXIII

ORDRE DES ASCOMYCÈTES

PÉRISPORIACÉES

1 à 19. — Ctenomyces serratus [1] (Eidam).

1. Plume d'oiseau portant des amas du champignon. (D'après Eidam, de même que les figures suivantes.)

2. Hyphe pectinée. Gr. = 400.

3. Portion d'une coupe transversale d'un périthèce, avec mycélium moniliforme et tortillons. Gr. = 200.

4. Mycélium moniliforme. Gr. = 400.

5 à 9. Formation du périthèce. Gr. = 400.

10. Crosse spinuleuse de la paroi d'un conceptacle. Gr. = 400.

11. Formation des conidies. Gr. = 150.

12. Hyphe avec conidies. Gr. = 400.

13, 15, 16, 19. Parties du périthèce et du mycélium.

14. Germination des spores. Gr. = 400.

17. Asques. Gr. = 450.

18. Spores. Gr. = 450.

[1] A été trouvé sur des plumes d'oiseaux. Frotté sur la peau d'un Cheval, il a produit une légère dépilation.

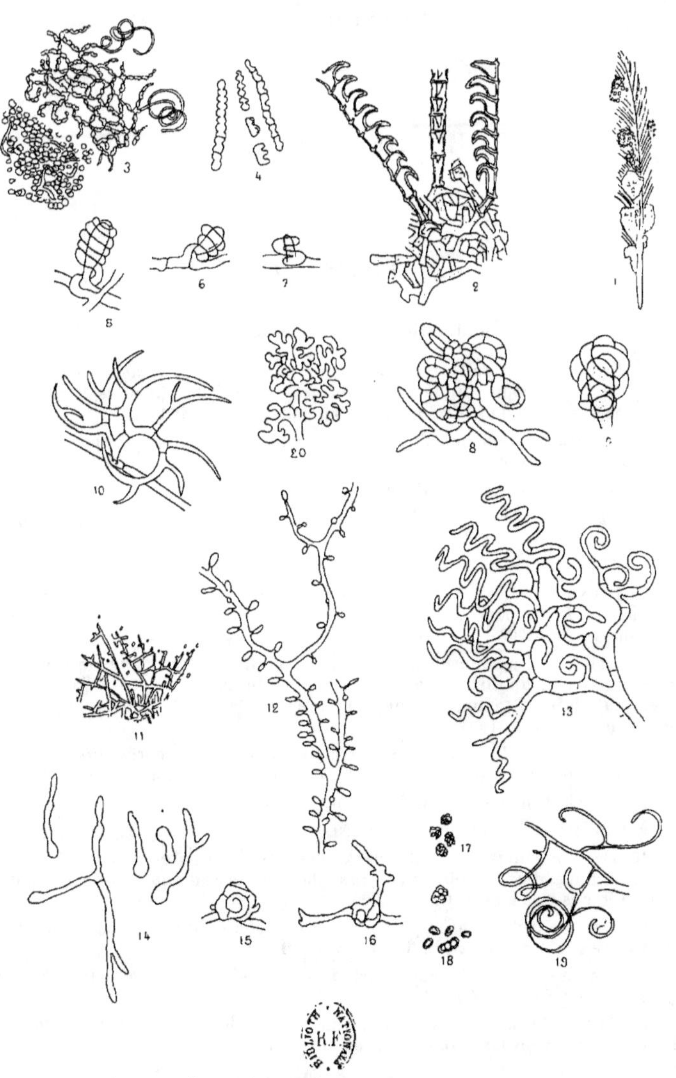

Ascomycètes Périsporiacées (*Ctenomyces serratus*).

PLANCHE XXXIV

ORDRE DES ASCOMYCÈTES

PÉRISPORIACÉES

1 à 15. — Eidamella spinosa [1] (Matruchot et Dassonville).

1. Follicule d'un poil de chien, envahi par l'*Eidamella spinosa* : *a*, mycélium du parasite, formant un lacis très enchevêtré ; *p*, poil. (D'après MATRUCHOT et DASSONVILLE, de même que les figures suivantes.) Gr. = 120.

2. Le parasite dans la lésion : *a*, *b*, mycélium avec chlamydospores intercalaires ; *c*, *d*, chlamydospores plus ou moins dissociées. Gr. = 1.300.

3 à 15. Le parasite en culture.

3. Premier stade de formation du périthèce : *a*, vue perspective; *b*, vue par transparence. Gr. = 1 000.

4. Même stade que dans la figure 3. Gr. = 1.000.

5. Deuxième stade. La base du tortillon et le pédicelle fournissent des branches : *a*, vue perspective ; *b*, vue par transparence, montrant la cellule en massue. Gr. = 1.000.

6. Troisième stade du développement du périthèce. Les filaments mycéliens *m*, et une partie du tortillon ont développé des branches rigides, déjà partiellement cutinisées (*c*), munies d'épines et de crochets, constituant la future paroi du périthèce. Gr. = 1.000.

7. Périthèce adulte. La partie centrale, de teinte grise, représente l'ensemble des asques et des ramifications basales des ornements cutinisés. Gr. = 330.

8. Portion de mycélium immergé. Gr. = 1.000.

9. Renflement mycélien. Gr. = 1.000.

10, 11, 12. Portions terminales des ornements de la paroi du périthèce montrant les appendices incolores et à branches spiralées qui font suite à la partie cutinisée des ornements. Gr. = 1.000.

13. *a*, asque isolé; *b*, ascospore à deux gouttelettes huileuses vue de profil ; *c*, ascospore vue par une extrémité. Gr. = 1.000.

14. Asques en place ; ils sont courtement pédicellés : *a*, asque jeune ; *b*, asque presque mûr. Gr. = 1 000.

15. Portion de filament provenant d'une culture de six mois, montrant de nombreuses chlamydospores intercalaires. Gr. = 1.300.

---

[1] Vit en parasite sur la peau du Chien sur lequel il semble causer des lésions teigneuses. Inoculé à des Chiens par simple frottis ou par scarification, il ne s'est produit que des lésions atténuées, mais avec épilation complète.

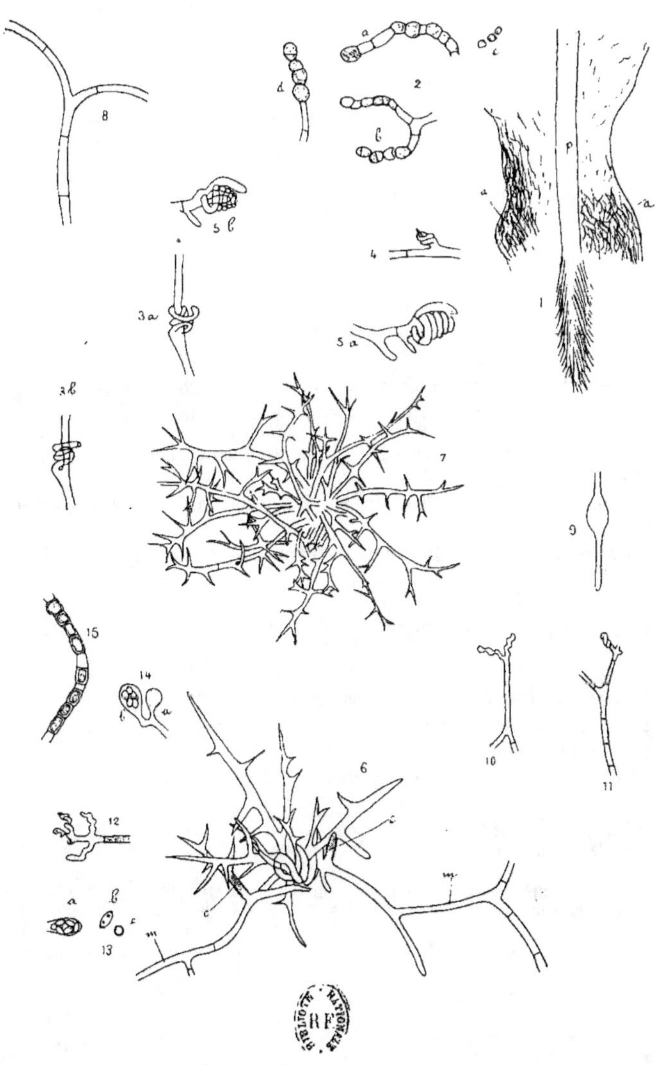

Ascomycètes Périsporiacées (*Eidamella spinosa*).

PLANCHE XXXV

———

ORDRE DES ASCOMYCÈTES

———

PÉRISPORIACÉES

1 à 3. — Achorion Schœnleinii[1] (Remak) (= *Oidium Schœnleinii* Lebert = *Oidium porriginis* Montagne).

1. Coupe en long du cuir chevelu passant par l'axe d'un cheveu et d'un godet favique. (D'après Sabouraud.)

2. Culture de l'*Achorion* montrant les chandeliers faviques. (D'après Sabouraud.)

3. Culture de l'*Achorion* montrant les formes amiboïdes du mycélium. (D'après Sabouraud.)

4 à 6. — Penicillium crustaceum[2] (Fries) (= *Penicillium glaucum* Link).

4. Aspect général d'une préparation renfermant le *Penicillium*.

5. Conidiophore et conidies.

6. Germination des conidies.

(Voir la suite du *Penicillium crustaceum* à la planche suivante).

---

[1] Produit le favus de l'homme. A été aussi trouvé sur le Chat, le Rat, la Souris. Non inoculable au Chat, au Singe. Inoculable à l'homme, au Chien, à la Souris, au Lapin, à la Poule.

[2] Moisissure extrêmement répandue. Trouvé dans deux cas d'otite moyenne chronique, dans les vomissements de quatre cas de gastrite très acide, dans l'œuf de la poule.

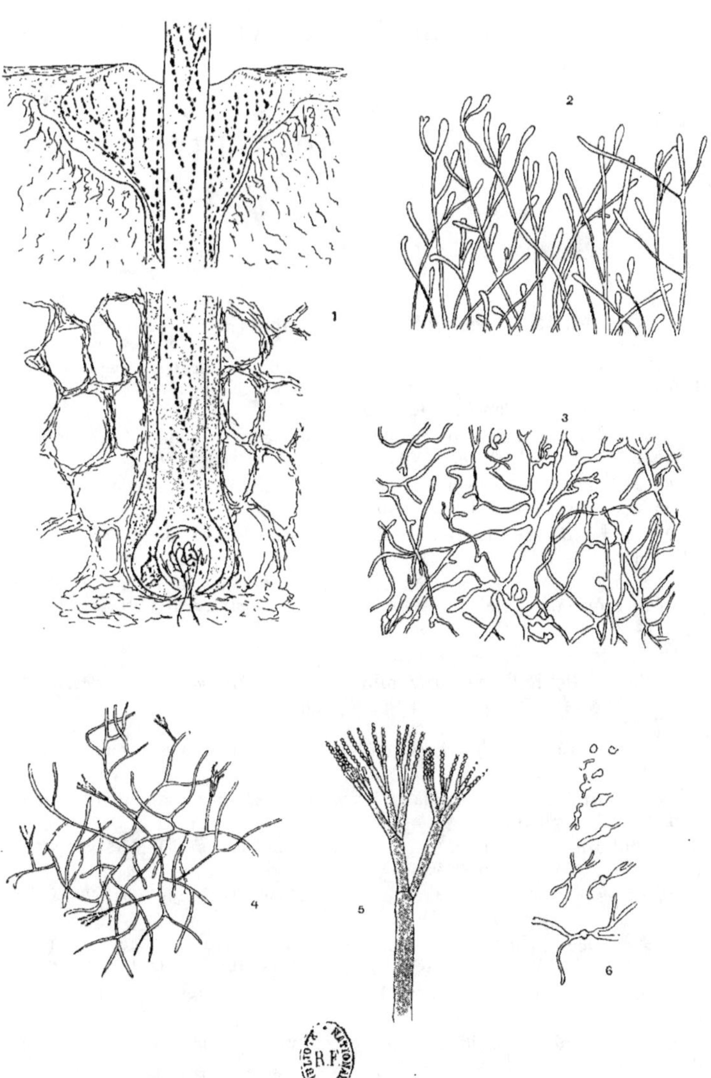

Ascomycètes Périsporiacées (*Achorion Schœnleinii. Penicillium crustaceum*).

ORDRE DES OOMYCÈTES

PÉRISPORIACÉES

1 à 12. — **Penicillium crustaceum** (Fries) (*suite*).

1, 2. Culture en gouttelettes suspendues dans des cellules van Tieghem, constituées par du bouillon de viande (1.000) et du sulfate de cuivre (10). Passsage à la forme *Dematium*. (D'après Beauverie.) Gr. = 220.

3, 4, 5. Végétation dans une solution très ancienne de sulfate de cuivre (1) et acide tartique (1 p. 1000 d'eau). (D'après Beauverie.) Gr. = 360.

6, 7, 8. Végétation dans une solution très ancienne de sulfate de cuivre (1) et acide tartrique (1 p. 1000 d'eau) (D'après Beauverie.) Gr. = 360.

9. Pied prolifère. Culture en cellule dans eau de levure à 10 p. 1000. (D'après Beauverie.) Gr. = 320.

10, 11, 12. Végétation âgée. Culture en cellules dans l'eau ordinaire. Formes simples, rappelant parfois les *Acremonium* et les *Oospora*. (D'après Beauverie.) Gr. = 288.

13 à 20. — **Penicillium Anisopliæ**[1] (Vuillemin) (= *Isaria destructor* Metschnikoff).

13. Culture sur pomme de terre, quatre jours. Ramification des coniodophores. (D'après Vuillemin.) Gr. = 1.260.

14. Culture sur carottes, quatre jours. Début de la sporulation. (D'après Vuillemin.) Gr. = 1.260.

15. Culture sur carottes. Cinquième jour. Début des chapelets conidiens. (D'après Vuillemin.) Gr. = 1.260.

16. Coussinet sporifère sur carotte. Cinquième jour. (D'après Vuillemin.) Gr. = 1.260.

17 et 18. Deux coniodophores et une conidie mûre prise sur le corps d'un vert blanc atteint de muscarine verte. (D'après Vuillemin.) Gr. = 2.070.

19. Conidies mûres sur carottes. Dix-sept jours. (D'après Vuillemin.) Gr. = 2.070.

20. Une chaine de conidies dans une culture de sept mois sur carottes. (D'après Vuillemin.) Gr. = 1.260.

[1] Produit la muscarine verte des insectes.

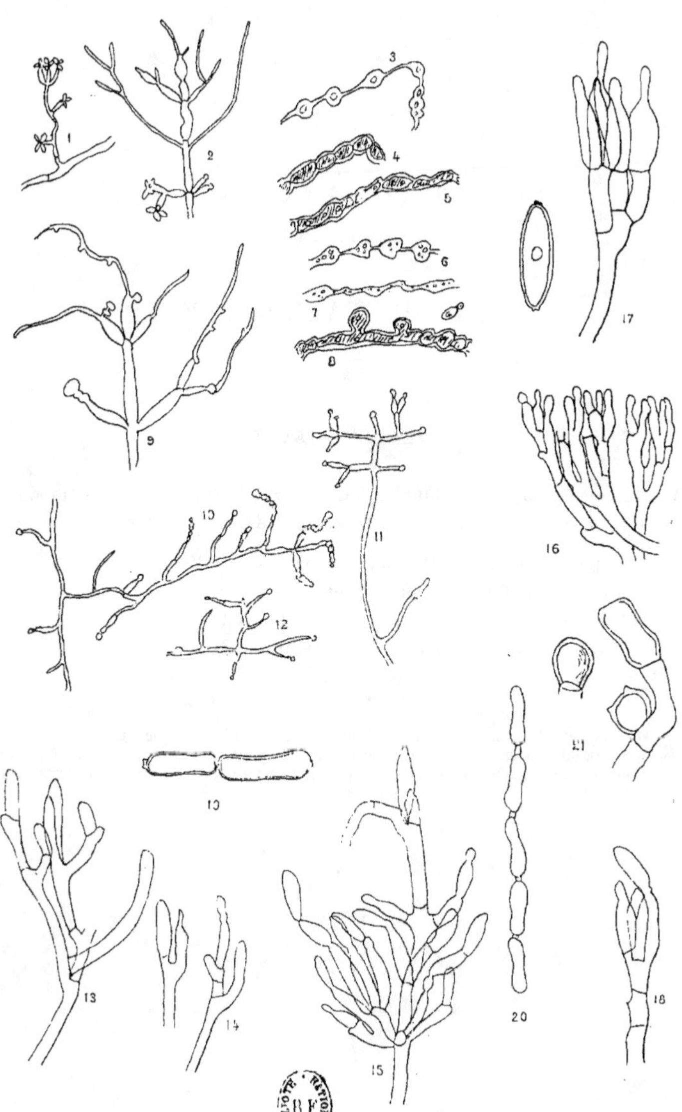

Ascomycètes Périsporiacées (*Penicillium crustaceum. P. Anisopliæ*).

ORDRE DES ASCOMYCÈTES

PÉRISPORIACÉES

1 à 8. — **Aspergillus glaucus**[1] (Link) (= *Monilia glauca* Persoon = *Eurotium herbariorum* Link = *Eurotium Aspergillus glaucus* de Bary).

1. Coupe optique d'une tête.sporifère (demi-schématique).
2. Schéma de la formation des spores (demi-schématique).
3 à 6. Formation des périthèces. (D'après DE BARY).
7. Périthèce en coupe longitudinale. (D'après DE BARY.)
8. Asque.

[1] Moisissure extrêmement commune sur les matières organiques humides les plus diverses. Signalé aussi dans les sacs aériens d'un Autour, dans les poumons d'un Perroquet, dans les œufs de Poule, dans les narines de l'homme, dans les cocons de vers à soie, dans des vomissements très acides d'un homme.

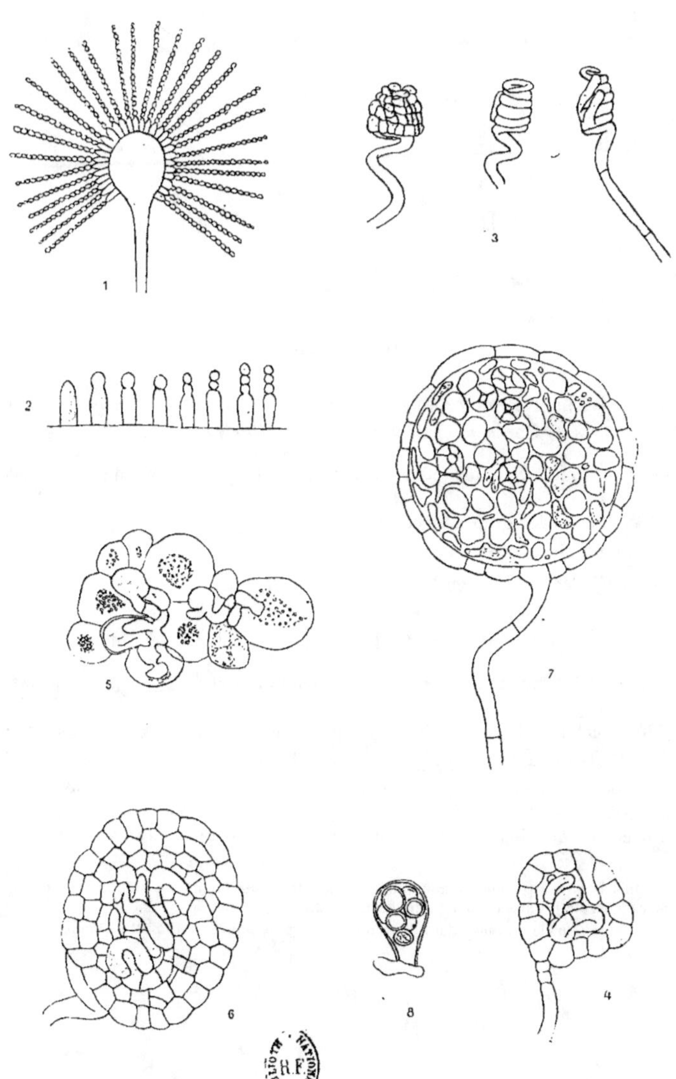

Ascomycètes Périsporiacées (*Aspergillus glaucus*).

PLANCHE XXXVIII

———

ORDRE DES ASCOMYCÈTES

———

PÉRISPORIACÉES

1 à 8. — **Aspergillus repens**[1] (de Bary) (= *Aspergillus glaucus*, var. *repens* Corda = *Eurotium Aspergillus repens* de Bary.)

1. Mycélium avec jeune tête sporifère et périthèce en formation. (D'après DE BARY.)

2 à 6. Formation du périthèce. (D'après DE BARY.)

7. Asque. (D'après DE BARY.)

8. Spore. (D'après DE BARY.)

9 à 14. — **Aspergillus Lignieresi**[2] (Costantin et Lucet).

9. Pedicelle incolore, cylindrique, à membrane épaisse. (D'après COSTANTIN et LUCET.)

10. Mycélium noueux à la base d'un pédicelle. (D'après COSTANTIN et LUCET.)

11. Une cellule de ce mycélium noueux. (D'après COSTANTIN et LUCET.)

12. Bouquet de coniodophores partant du milieu de cellules du mycélium. (D'après COSTANTIN et LUCET.)

13 et 14. Coniodophore et ses cellules de base. (D'après COSTANTIN et LUCET.)

[1] Moisissure extrêmement commune. Rencontré aussi dans les poumons du *Strix Nyctea* (Oiseaux), dans les bouchons cérumineux de l'homme.

[2] Trouvé dans le poumon d'un Pingouin. Pathogène pour le Lapin et la Poule.

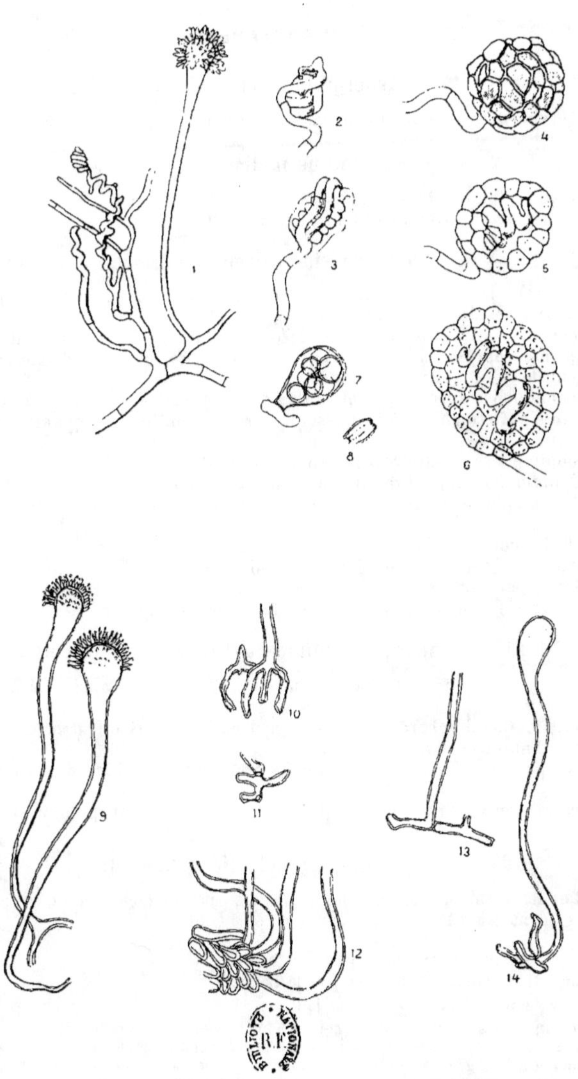

Ascomycètes Périsporiacées (*Aspergillus repens. A. Lignieresi*).

ORDRE DES ASCOMYCÈTES

PÉRISPORIACÉES

1. — **Aspergillus aviarius** [1] (Peck).

1. Tête sporifère. (Dessin insuffisant, d'après Peck.)

2 à 4. — **Aspergillus malignus** [2] (Gedloest).

2. Conidie. (D'après Lindt.) Gr. = 1.000
3 et 4. Ascospore. (D'après Lindt.) Gr. = 1.000.

5 à 14. — **Aspergillus virido-griseus** [3] (Costantin et Lucet).

5. Pied ramifié et cloisonné. (D'après Costantin et Lucet, de même que les figures suivantes de la même espèce.)
6. Schéma montrant les lignes sur lesquelles s'insèrent les stérigmates.
7. Schéma représentant une tête fructifère jeune, couverte de stérigmates seulement dans sa moitié supérieure.
8. Conidiophore surmonté d'ébauches de stérigmates; sur une moitié, ces stérigmates ont été enlevés et laissent voir un pointillé marquant leur ligne d'insertion.
9. Conidiophore fructifère à pied non cloisonné.
10. Conidiophore à pied ramifié, mais non cloisonné.
11. Conidiophore à pied tuméfié irrégulier, mais cutinisé assez fortement.
12, et 13. Jeunes conidiophores rappelant l'*Aspergillus fumigatus*.
14. Anomalie rare. Un conidiophore (qui est ici couché) se renfle à peine à sa partie supérieure et donne naissance à des pédicelles se terminant par des ampoules très rudimentaires couvertes de stérigmates.

15 à 21. — **Aspergillus fumigatus** [4] (Fresenius) (race n° 2).

15. Très jeune conidiophore commençant à fructifier. (D'après Costantin et Lucet.)
16, 17, 19, Conidiophores adultes à pied cutinisé vert olivâtre, couvert de conidies. (D'après Costantin et Lucet.)
18. Conidophore couvert seulement de stérigmates. (D'après Costantin et Lucet.)
20 et 21. Deux jeunes ébauches de conidiophores. (D'après Costantin et Lucet.)

22. — **Aspergillus bronchialis** [5] (Blumentritt).

22. Portion du mycelium et conidiophore en partie dépouillé de ses spores. (D'après Blumentritt.)

[1] Trouvé dans la plèvre d'un Canari.

[2] Trouvé dans l'oreille. Pathogène pour le Lapin.

[3] Pathogène pour le Lapin, non pour la Poule.

[4] Commun à l'état saprophytique sur le foin, la paille, les grains de chènevis, de sarrazin, de millet, etc. Cause une pseudo-tuberculose chez l'homme, surtout les gaveurs de pigeons et les peigneurs de cheveux. Cause aussi des aspergilloses cutanées, des onychomycoses, des kératomycoses, des otomycoses, des nasopharyngites. Cause la maladie des boutons du bec des poussins (à la Guyane). Très fréquent dans l'appareil respiratoire des oiseaux. Rencontré dans les œufs de Poule.

[5] Trouvé dans les bronches d'un diabétique.

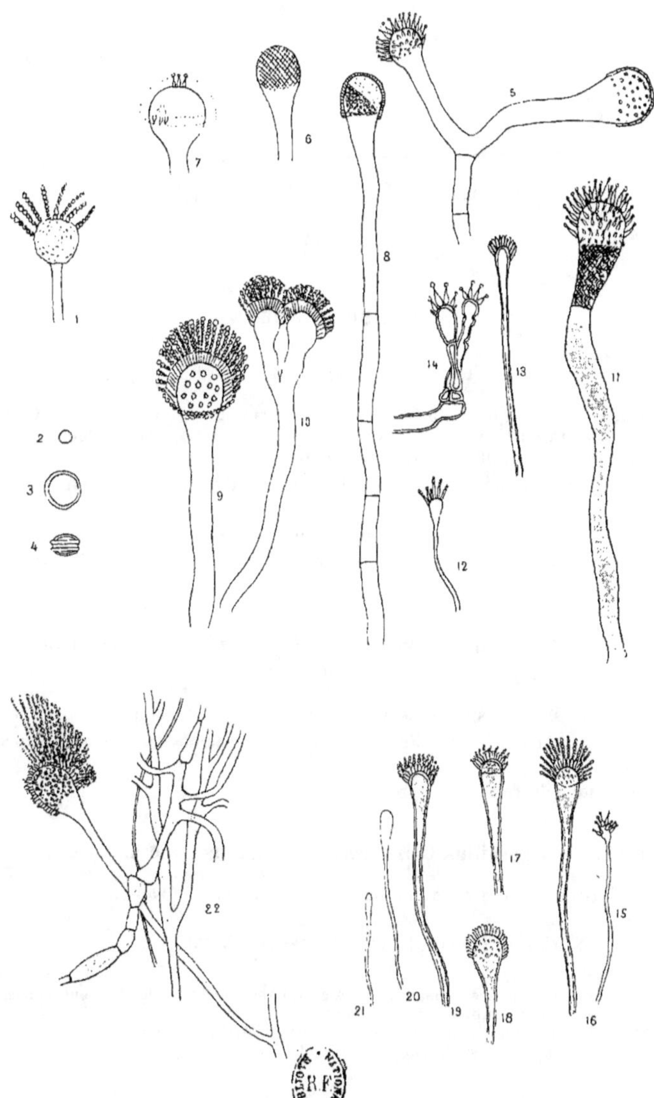

Ascomycètes Périsporiacées (*Aspergillus divers*).

PLANCHE XL

ORDRE DES ASCOMYCÈTES

PÉRISPORIACÉES

1 à 8. — **Aspergillus** des Caratés[1].

1, 2, 3, 4. Aspects divers présentés par les champignons des caratés : 1, Caraté rouge ; 2, Caraté noir violacé ; 3, Caraté violet cendré ; 4, Caraté bleu. (Dessins très insuffisants, d'après Montoya y Florez.)

5, 6, 7, 8. Aspects divers présentés en culture par les champignons des Caratés.

5, Caraté violet cendré ; 6, caraté bleu des mines de Tiribi.

7 et 8, Caraté blanc de Belo. (Dessins très insuffisants d'après Montoya y Florez.)

9 à 14. — **Aspergillus Tokelau**[2] (= *Lepidophyton sp.* Tribondeau = *Trichophytum concentricum* R. Blanchard).

9, 10, 11. Organes sporifères (Dessins très insuffisants, d'après Tribondeau.)

12 et 13. Filaments du champignon dans les squames de Tokelau. (D'après Tribondeau.)

14. Plaque de Tokelu. (D'après Bonnafy.)

15 à 17. — **Aspergillus Orizæ** *var.* **basidifereus**[3] (Costantin et Lucet).

15. Baside ramifié avec un ou deux stérigmates. (D'après Costantin et Lucet.)

16, 17. Stérigmates isolés. (D'après Costantin et Lucet.)

---

[1] Les Caratés sont des dermatoses propres à l'Amérique centrale. Ils sont vraisemblablement produits par divers champignons.

[2] Le Tokelau est une dermatomycose originaire de l'Archipel Malais.

[3] Pathogène pour le Lapin, non pour la Poule.

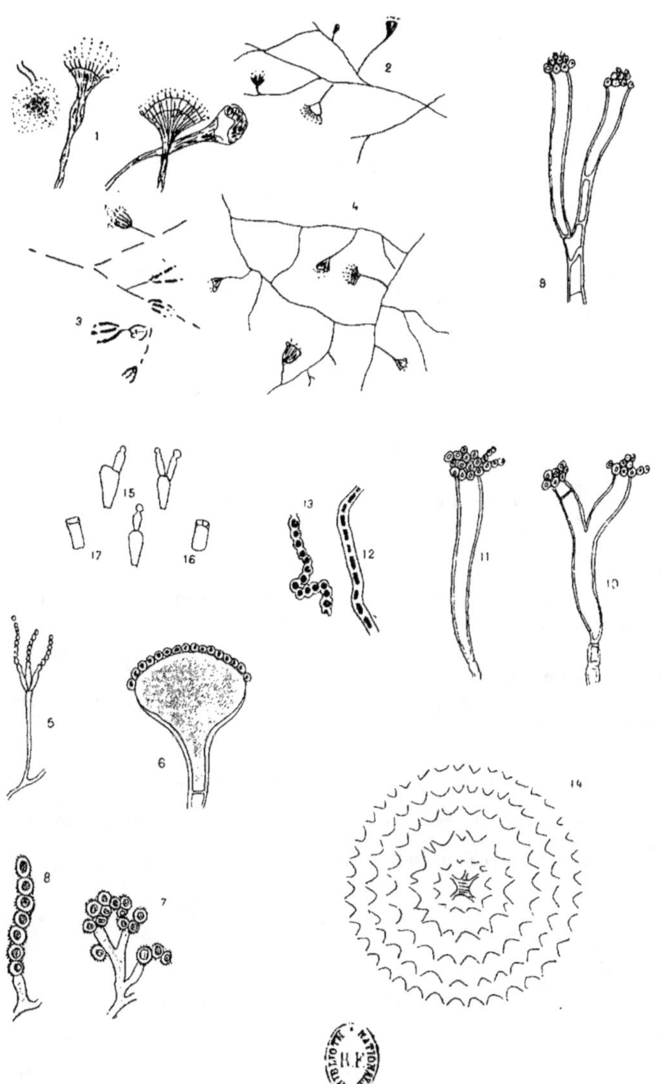

Ascomycètes Périsporiacées (*Aspergillus divers*).

ORDRE DES ASCOMYCÈTES

PÉRISPORIACÉES

1 à 11. — **Sterigmatocystis nigra**[1] (Van Tieghem) (= *Aspergillus niger* Van Tieghem = *Eurotium nigrum* de Bary).

1. Aspect du champignon dans une préparation.

2. Tête conidiophore, représentée en coupe optique. (Demi-schématique).

3. Germination des spores.

4 à 10. Formes anormales que prend le champignon quand il est cultivé dans du liquide de Raulin privé de potasse. (D'après MOLLIARD et COUPIN.)

11. Tête conidiophore d'un *Sterigmatocystis* cultivé dans une atmosphère surchauffée. (ORIGINAL).

[1] Se trouve habituellement sur diverses matières végétales pourrissantes (cerises, etc). A été aussi rencontré dans l'oreille d'un homme sourd, dans les bronches d'un homme, sur des plaies pansées à l'ouate de tourbe, dans une otomycose, ainsi que dans une otite à vertiges du Cheval. — Une espèce très voisine (*Sterigmatocystis pseudo-nigra*) a été trouvée dans les squames d'une teigne d'été du Cheval.

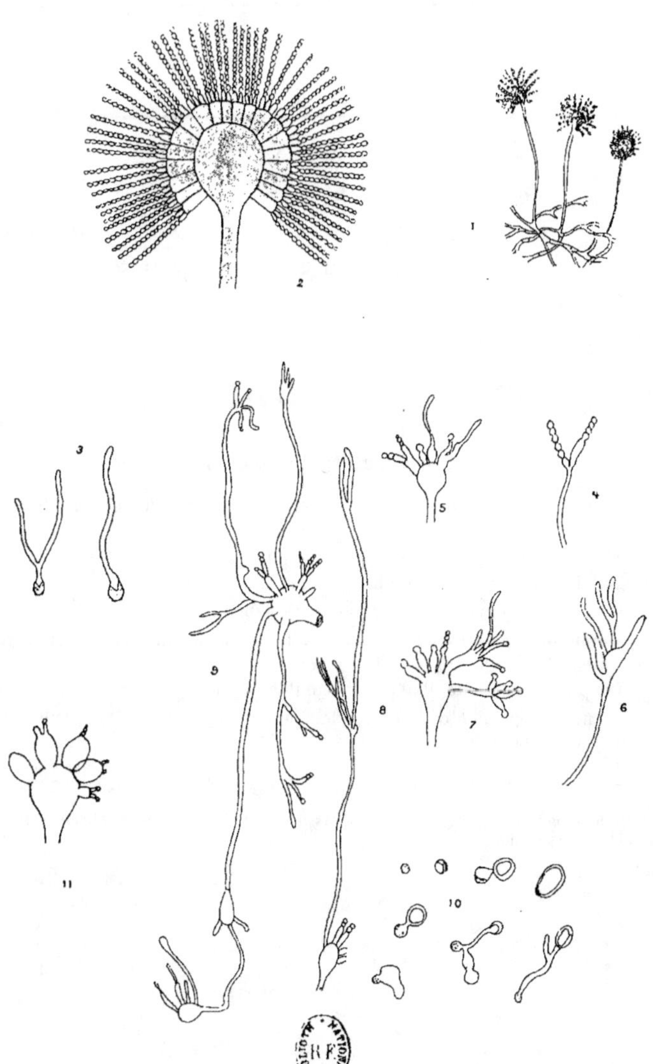

Ascomycètes Périsporiacées (*Sterigmatocystis nigra*).

ORDRE DES ASCOMYCÈTES

PÉRISPORIACÉES

1 à 13. — Sterigmatocystis nidulans [1] (Eidam).

1. Aspect général du mycélium, avec quelques conidiophores. (D'après EIDAM.)

2. Tête conidiophore figurée en coupe optique. (Demi-schématique.)

3. Conidiophores rameux. (D'après EIDAM.) Gr. = 500.

5 à 9. Divers détails du périthèce. (D'après EIDAM.)

10. Jeune périthèce immergé, entouré de renflements des hyphes mycéliennes. (D'après EIDAM.) Gr. = 120.

11. Coupe longitudinale d'un périthèce. (D'après EIDAM.) Gr. = 400.

12. Jeune périthèce entouré de renflements des hyphes et d'appareils conidiophores. (Schématique.)

13. Asque.

[1] Trouvé dans des nids de Bourdons, dans deux cas d'otomycose de l'homme. Pathogène pour divers animaux.

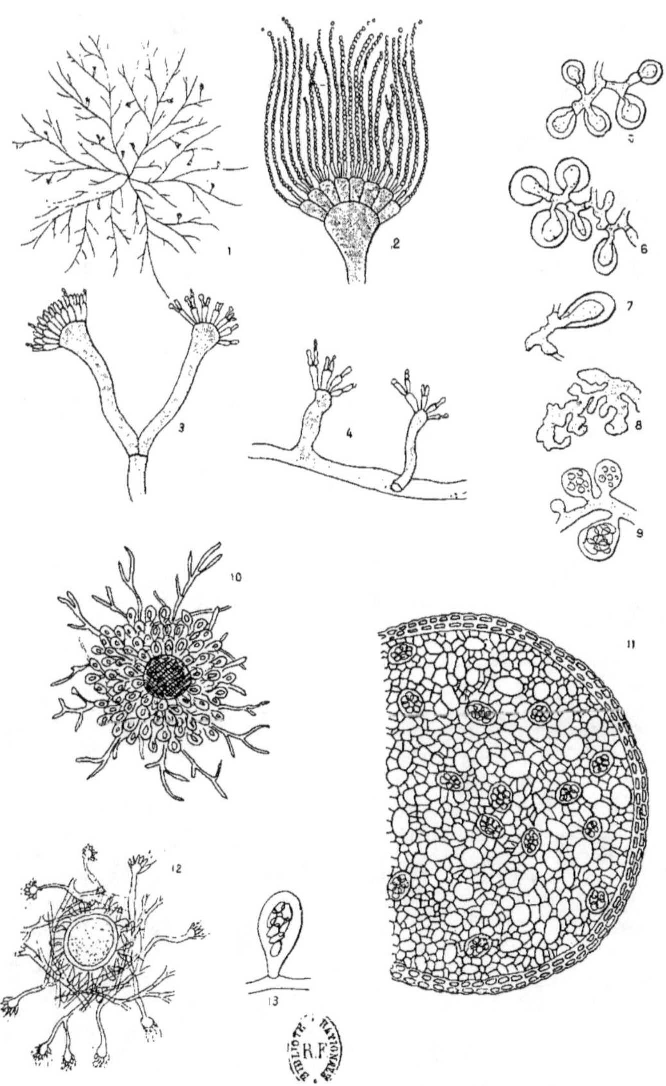

Ascomycètes Périsporiacées (*Sterigmatocystis nidulans*).

VI

ORDRE DES ASCOMYCÈTES

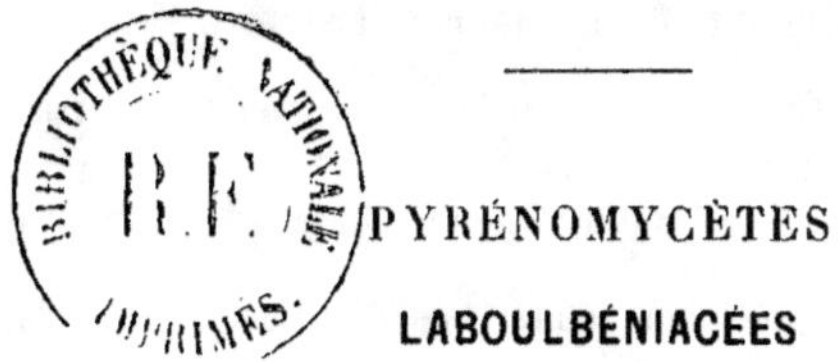

PYRÉNOMYCÈTES

LABOULBÉNIACÉES

ORDRE DES ASCOMYCÈTES

PYRÉNOMYCÈTES

LABOULBÉNIACÉES[1]

1 à 18. — Stigmatomyces Baeri[2] (Thaxter).

1 à 9. Premiers stades du développement de la spore. (D'après THAXTER.)

10, 11, 12. Fécondation (D'après THAXTER.)

13, 14. Développement de l'œuf aussitôt après la fécondation. (D'après THAXTER.)

15, 16. Formation des asques dans l'intérieur des périthèces. (D'après THAXTER.)

17. Col du périthèce montrant des cellules de garde et les ascospores sur le point de sortir. (D'après THAXTER.)

18. Ascospores. (D'après THAXTER.)

[1] Parasites des insectes, mais ne paraissant pas les incommoder. La plupart sont presque invisibles ou à peine visibles à l'œil nu.

[2] Les *Stigmatomyces* sont parasites des Mouches domestiques, d'autres muscides (*Drosophila*), des Coccinellides (*Chilocorus*).

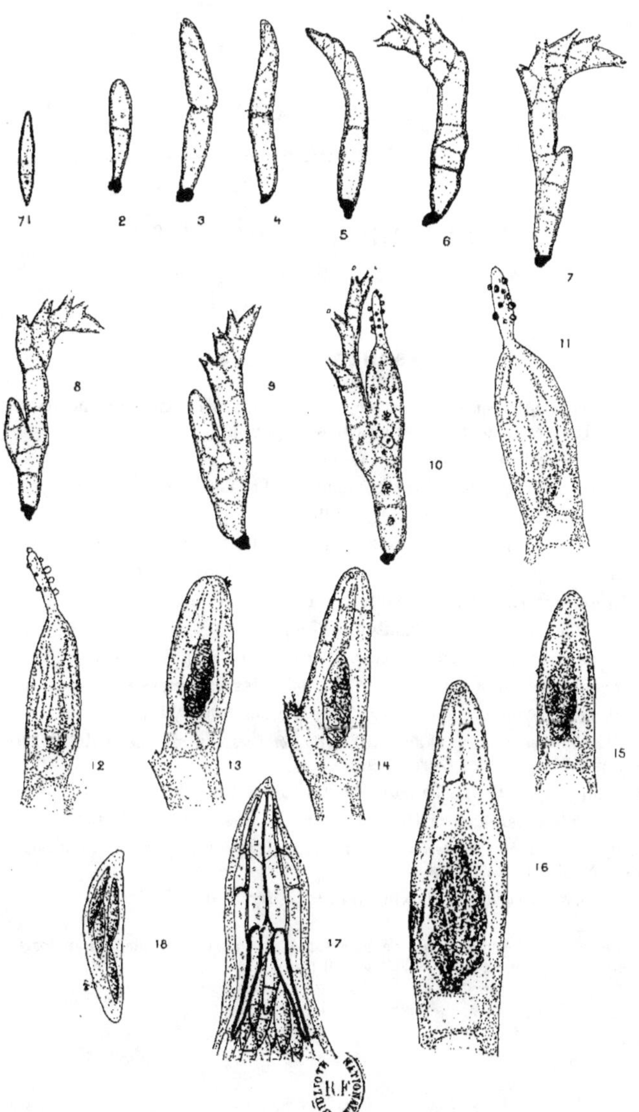

Laboulbéniacées (*Stigmatomyces Baeri*).

PLANCHE XLIV

———

ORDRE DES ASCOMYCÈTES

———

LABOULBÉNIACÉES [1]

1. *Dimorphomyces muticus* Thaxter, mâle. (D'après THAXTER, de même que les figures suivantes, sauf 15.) (Parasite des Staphylinides.)

2. *Dimeromyces muticus* Thaxter; femelle.

3. *Dimeromyces africanus* Thaxter, femelle. (Parasite des Carabides.)

4. *Dimeromyces africanus* Thaxter ; anthéridie.

5. *Haplomyces californicus* Thaxter. (Parasite des Staphylinides.)

6. *Cantharomyces Bledii* Thaxter. (Parastie des Staphylinides.)

7. *Eucantharomyces Atrani* Thaxter. (Parasite des Carabides.)

8. *Eucantharomyces Atrani* Thaxter ; Anthéridie.

9. *Camptomyces melanopus* Thaxter. (Parasite des Staphylinides.)

10. *Peyritschiella geminata* Thaxter. (Parasite des Carabides.)

11. *Dichomyces furciferus* Thaxter. (Parasite des Staphylinides.)

12. *Chitonomyces borealis* Thaxter. (Les *Chytomyces* sont des parasites des Dytiscides, des Haliplides, des Gyrinides.)

13. *Hydræomyces Halipli* Thaxter. (Parasite des Haliplides.)

14. *Amorphomyces Falagriæ* Thaxter. (Parasite des Staphylinides.)

15. *Helminthophana Nycteribiæ* Peyritsch. (D'après PEYRITSCH.) (Parasite des Diptères-Nyctéribides.)

16. *Idiomyces Peyritschii* Thaxter. (Parasite des Staphylinides.)

[1] Parasites des insectes, mais ne paraissant pas les incommoder. La plupart sont presque invisibles ou à peine visibles à l'œil nu.

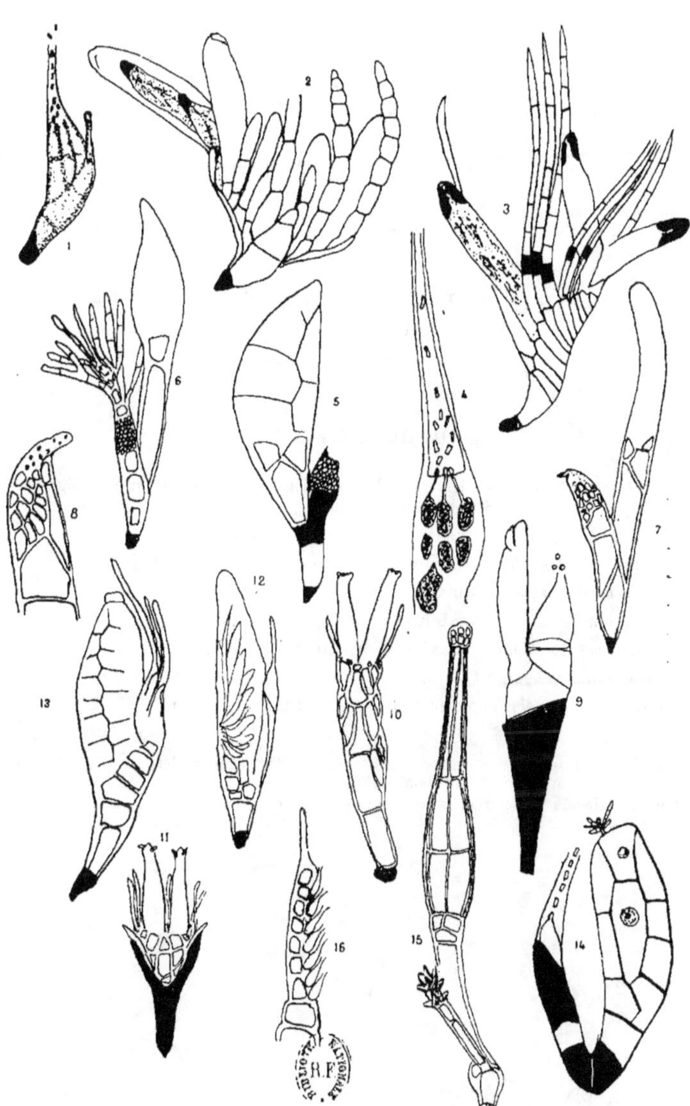

Laboulbéniacées.

ORDRE DES ASCOMYCÈTES

LABOULBÉNIACÉES[1]

1. *Corethromyces Cryptobii* Thaxter. (D'après Thaxter, de même que les figures suivantes.) (Parasite des Staphylinides.)

2. *Rhadinomyces pallidus* Thaxter. (Parasite des Staphylinides.)

3. *Rhizomyces ctenoplorus* Thaxter. (Parasite des Diptères du g. *Diopsis*.)

4. *Laboulbenia europœa*[1] Thaxter.

5. *Laboulbenia custata*[2] Thaxter.

6. *Diplomyces Actobianus*. Thaxter. (Parasite des Staphylinides.)

7. *Laboulbenia elongata*[2] Thaxter.

8. *Teratomyces Actobii* Thaxter. (Parasite des Staphylinides.)

[1] Parasites des insectes mais ne paraissant pas les incommoder. La plupart sont presque invisibles ou à peine visibles à l'œil nu.

[2] Les *Laboulbenia* sont parasites sur plus de 215 espèces d'insectes.

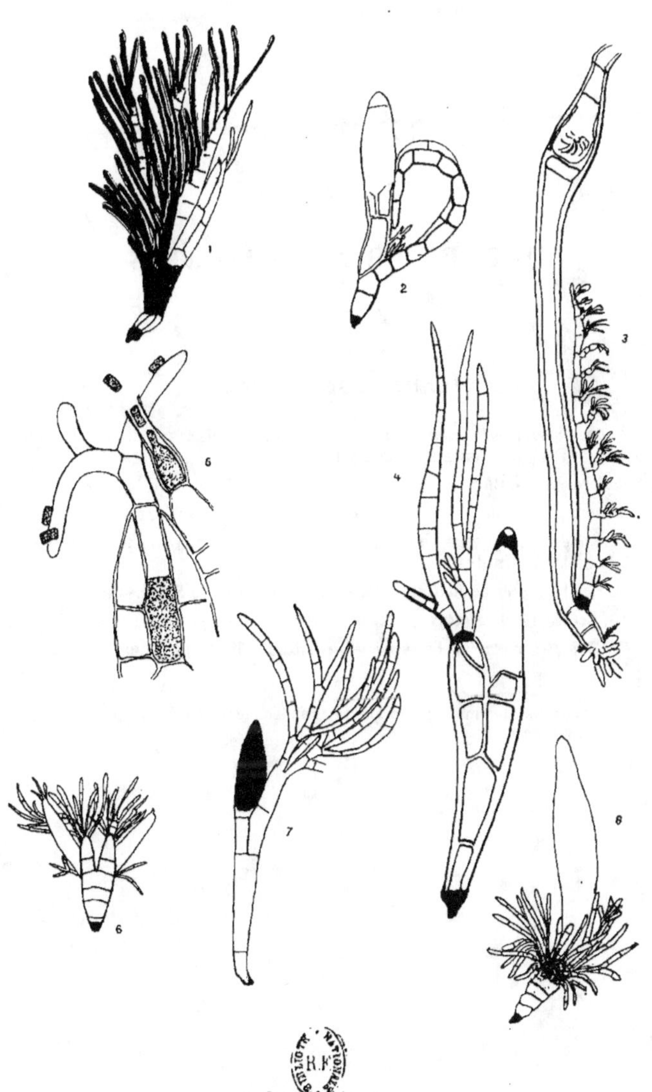

Laboulbéniacées.

PLANCHE XLVI

—

ORDRE DES ASCOMYCÈTES

—

LABOULBÉNIACÉES [1]

1 à 3. *Lodiomyces vorticellarius* Thaxter. (D'après THAXTER, de même que les figures suivantes.) (Parasite sur les hydrophilides).

4. *Sphaleromyces Lathrobii* Thaxter. (Parasite des Staphylinides.)

5. *Chætomyces Pinophili* Thaxter. (Parasite des Staphylinides.)

6. *Rhachomyces lasiphorus* Thaxter. (Les *Rhachomyces* sont parasites des Carabides et des Staphylinides.)

7 et 8. *Compsomyces verticillatus* Thaxter. (Parasite des Staphylinides.)

9 et 10. *Ceratomyces rostatus* Thaxter. (Parasite des hydrophilides.)

11. *Ceratomyces mirabilis* Thaxter. (Parasite des hydrophilides).

[1] Parasites des insectes mais ne paraissant pas les incommoder. La plupart sont plus petits que 1 millimètre.

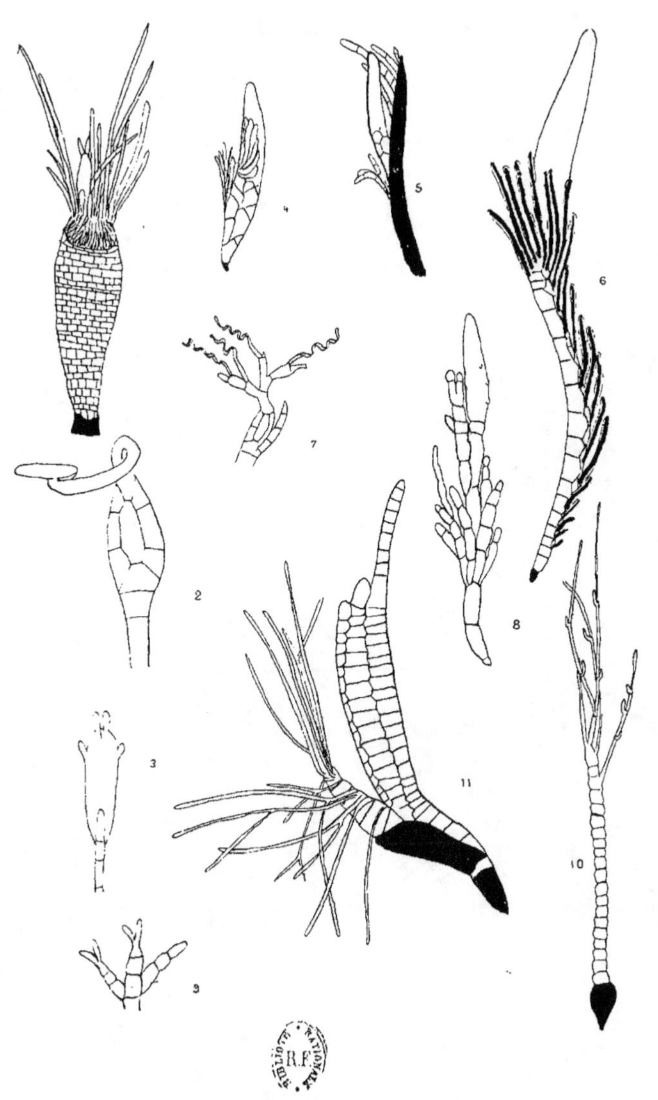

Laboulbéniacées.

VII

ORDRE DES ASCOMYCÈTES

PYRÉNOMYCÈTES

NECTRIACÉES, SPHÉRIACÉES ET MUCÉDINÉES

PLANCHE XLVII

ORDRE DES ASCOMYCÈTES

NECTRIACÉES

1 à 9. — Genre **Cordiceps** [1].

1. *Cordiceps militaris* L., sur une chenille. (Gr. nat.) (D'après Tulasne.)
2. *Cordiceps Hügelii* Corda. (Gr. Nat.) (D'après Lindau.)
3. *Cordiceps sinensis* Berk. (Gr. Nat.) (D'après Lindau.)
4. *Cordiceps sphecocephala* Kl. (Gr. Nat.) (D'après Lindau.)
5. *Cordiceps cinerea* Tul. (Gr. nat.) (D'après Lindau.)
6. Asque de *Cordiceps ophioglossoides*. (D'après Bréfeld.) Gr. = 200.
7. Bouquet de conidies de *Cordiceps ophioglossoides*. (D'après Bréfeld.) Gr. = 350.
8 et 9. Conidies mûres et germant (D'après Bréfeld.) Gr. = 750.

10. — **Champignon du bursatte-leeches** [2].

10. Mycélium. (D'après Fish.)

---

[1] Parasites ou saprophytes? des insectes. Se rencontrent seulement sur leurs cadavres.

[2] Champignon très mal connu qui cause une affection des chevaux dans l'Inde. On ignore sa place dans la classification.

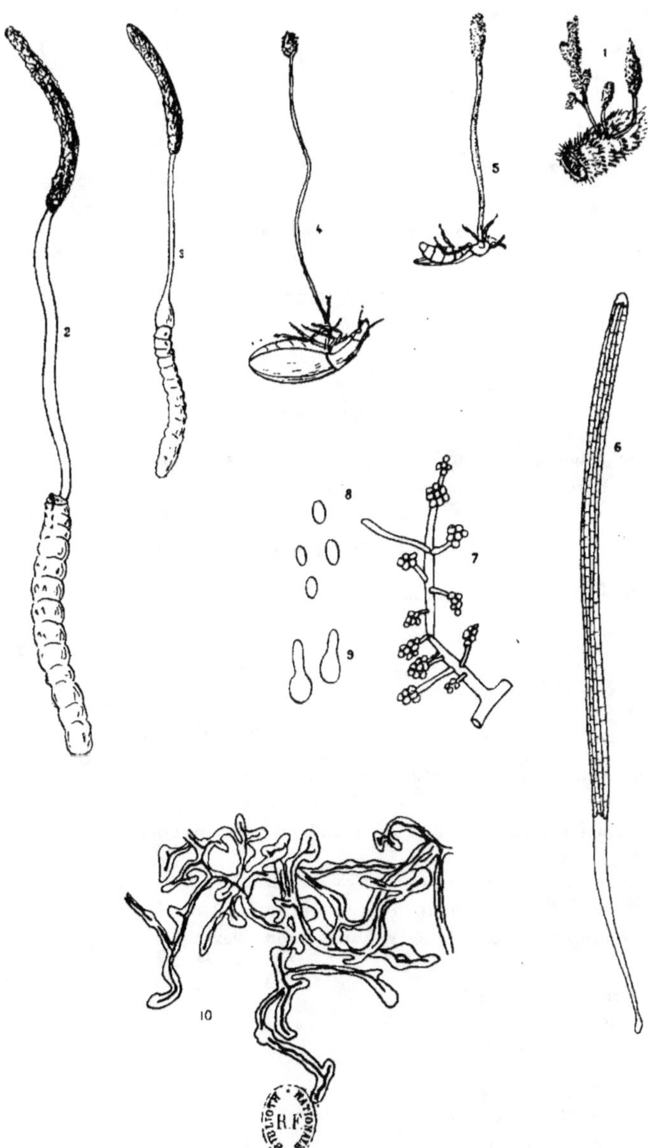

Nectriacées (*Cordiceps*).

ORDRE DES ASCOMYCÈTES

SPHÉRIACÉES

1 à 5. — Melanospora parasitica [1] (Tul.).

1. Hanneton attaqué par le champignon. (D'après TULASNE.)
4 à 5. Développement des fructifications. (D'après KIHLMANN.) Gr. = 980.

6. — Torrubiella aranicida [2] (Boud.).

6. Fructifications. (D'après BOUDIER.) Gr. = 15.

MUCÉDINÉES

7 à 12. — Actinomyces Bovis [3] (Harz.).

7. Granulation actinomycotique, un peu grossie.
8. Formes diverses des massues, observées à frais. (D'après BOSTRÖM.)
9. Coupe longitudinale d'une granulation actinomycotique. (D'après BOSTRÖM.)
10. Schéma du champignon. (D'après SAUVAGEAU et RADAIS.)
11. Germination de conidies en culture. (D'après DOMEC.)
12. Formation de conidies, en culture. (D'après DOMEC.)

[1] Attaque les hannetons.
[2] Vit sur les araignées.
[3] Organisme de l'actinomycose.

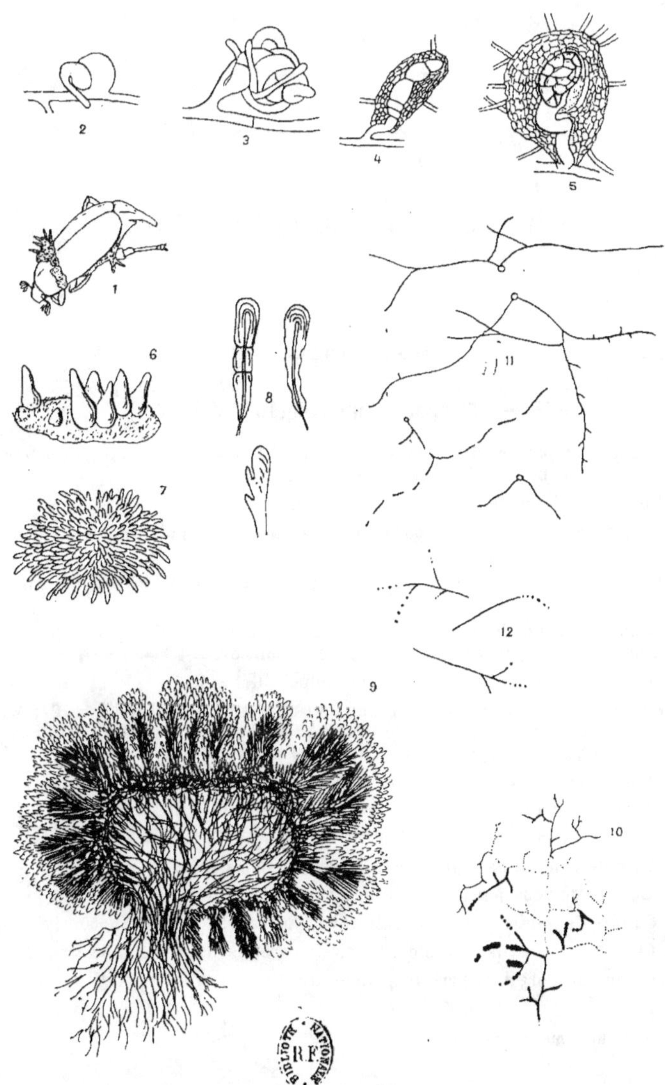

Sphériacées (*Melanospora. Torrubiella*).
Mucédinées (*Actinomyces Bovis*).

ORDRE DES ASCOMYCÈTES

MUCÉDINÉES

1 à 18. — **Trichosporum Beigelii**[1] (Vuillemin).

1. Aspect d'un poil revêtu de gaines parasitaires. (D'après VUILLEMIN, de même que le reste de la planche.) Faible grossissement.

2. Poil attaqué sur son trajet.

3. Face profonde de la gaine parasitaire tapissée de l'épidermicule du poil. Gr. = 1.725.

4. Partie supérieure d'une gaine cryptogamique en coupe longitudinale. Gr. = 1.725.

5. Coupe transversale d'un poil au niveau où le champignon, ayant dilacéré l'épidermicule, arrive au contact de l'écorce du poil. Gr. = 1.775.

6. Cellules isolées de l'enduit qui revet le poil. Gr. = 1.725.

7 à 10. Culture sur gélose au bout de vingt-quatre heures (étuve à 32° C) ; 7, article se coupant en deux ; 8, article tronqué à un bout ; 9, article arrondi aux deux bouts ; 10, articles cylindriques en voie de désorganisation. Gr. = 1.725.

11. Coupe transversale de l'enduit ; cellules atrophiées. Gr. = 1.725.

12. Portion d'enduit dissocié ; files rameuses de cellules. Gr. = 1.725.

13. Portion d'enduit dissocié ; filament cylindrique. Gr. = 1.725.

14. Bord de l'enduit parasitaire sur un poil de moustache. Gr. = 1.725.

15. Culture de deux jours sur carotte. (Étuve 32° C.) Gr. = 1.725.

16. Culture de quatre jours sur betterave. (Étuve à 32° C.) Gr. = 580.

17. Chlamydospores dans une décoction de carottes de six mois. Gr. = 1.725.

18. Chlamydospore dans l'enduit parasitaire. Gr. = 1.725.

---

[1] Trouvé sur la moustache d'un homme.

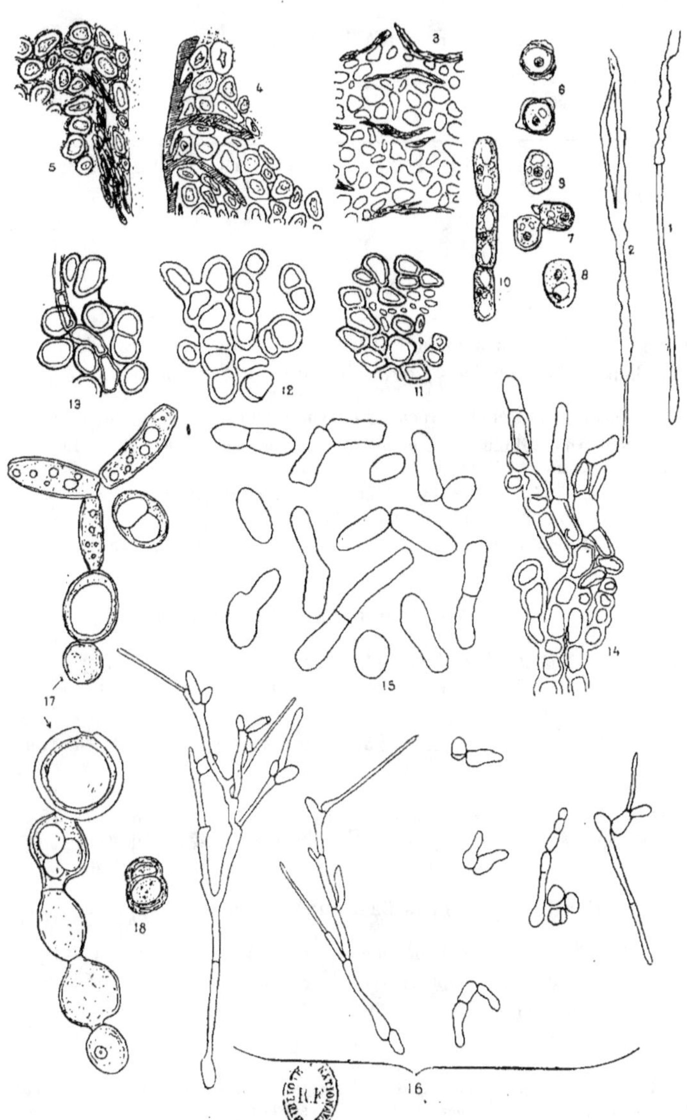

Mucédinées (*Trichosporum Beigelii*).

ORDRE DES ASCOMYCÈTES

MUCÉDINÉES

1 à 11. — **Malassezia furfur**[1] (Ch. Robin) (= *Microsporon furfur* Ch. Robin = *Sporotrichum furfur* Saccardo = *Oïdium furfur* Zopf.).

1. Aspect général d'une préparation renfermant le champignon.

2 à 8. Formes globuleuses montrant les diverses dispositions des côtes. (D'après VUILLEMIN et MATAKIEFF).

9. Filament cloisonné transversalement et émettant des rameaux se résolvant en globules. (D'après VUILLEMIN.) Gr. = 2.300.

10 et 11. Formations endogènes avec apparence de conjugaison (11). (D'après VUILLEMIN.)

12 à 14. — **Monilia candida**[2] (Bonorden).

12. Chaînes de conidies. (D'après GUÉGUEN.)

13, 14. Conidies dont l'une montre son disjunctor. (D'après GUÉGUEN.)

15, 16. — **Monilia Kochi**[3] (Saccardo) (= *Rhodomyces Kochi* von Wettstein).

15, 16. Ramifications terminales d'une hyphe conidienne, au début de la formation des spores (15) et après la formation de celles-ci (16). (D'après VON WETTSTEIN.)

17 à 19. — **Botrytis Bassiana**[4] (Balsamo-Montagne).

17. Conidiophore en partie dénudé de ses conidies. (D'après MONTAGNE.)

18. Branche d'un conidiophore avec ses conidies. (D'après MONTAGNE.)

19. Conidies internes. (D'après MONTAGNE.)

[1] Produit le *pithyriasis versicolor* de l'homme.

[2] Vit sur les matières végétales en décomposition. Introduit dans le jabot des Poules, il y produit une sorte de muguet. Trouvé aussi? sur la langue d'un nouveau-né.

[3] Trouvé dans les crachats d'une personne atteinte de pyrosis.

[4] Produit la muscardine des vers à soie.

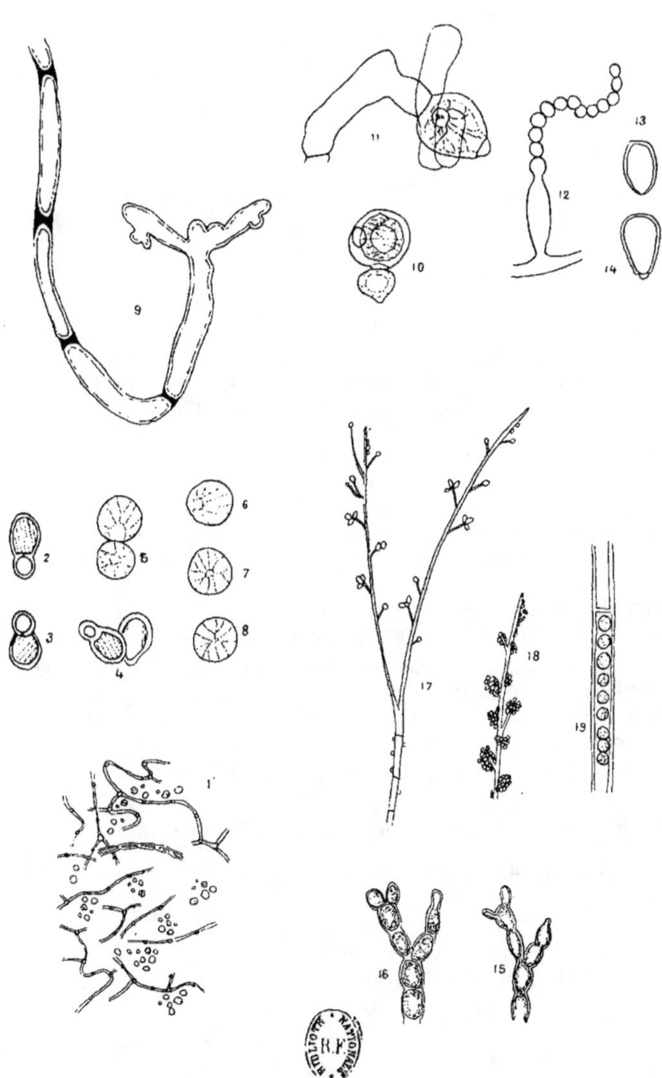

Mucédinées (*Malassezia. Monilia. Botrytis*).

ORDRE DES ASCOMYCÈTES

MUCÉDINÉES

1 à 12. — **Botrytis tenella** (Prillieux et Delacroix) (= *Isaria densa* Fries = *Sporotrichum densum* H.-F. Link).

1. Spores à divers états de germination. (D'après GIARD.)

2. Formation de conidies cylindriques. (D'après GIARD.)

3. Culture commençant à se dessécher et montrant les conidies ovoïdes ordinaires, à côté des conidies cylindriques. (D'après GIARD.)

4. Mycélium développé dans une culture pauvre en éléments nutritifs. (D'après GIARD.)

5. Naissances des conidies sur les coniodophores. (D'après GIARD.)

6. Forme zigzag des hyphes fructifères. (D'après GIARD.)

7. Culture bien nourrie et montant de nombreux rameaux fructifères opposés ou verticillés. (D'après GIARD.)

8 à 10. Éléments du sclérote. (D'après GIARD.)

11. Fragment d'une culture âgée. (D'après GIARD.)

12. Fragment d'une culture jeune. (D'après GIARD.)

13. — Verticillium Graphii[2] (Harz Bezold).

13. Hyphes conidiophores fasciculées et hyphes fertiles normales. (D'après SIEBENMANN.)

[1] Parasites des hannetons et des vers blancs.
[2] Rencontré dans sept cas d'otomycose.

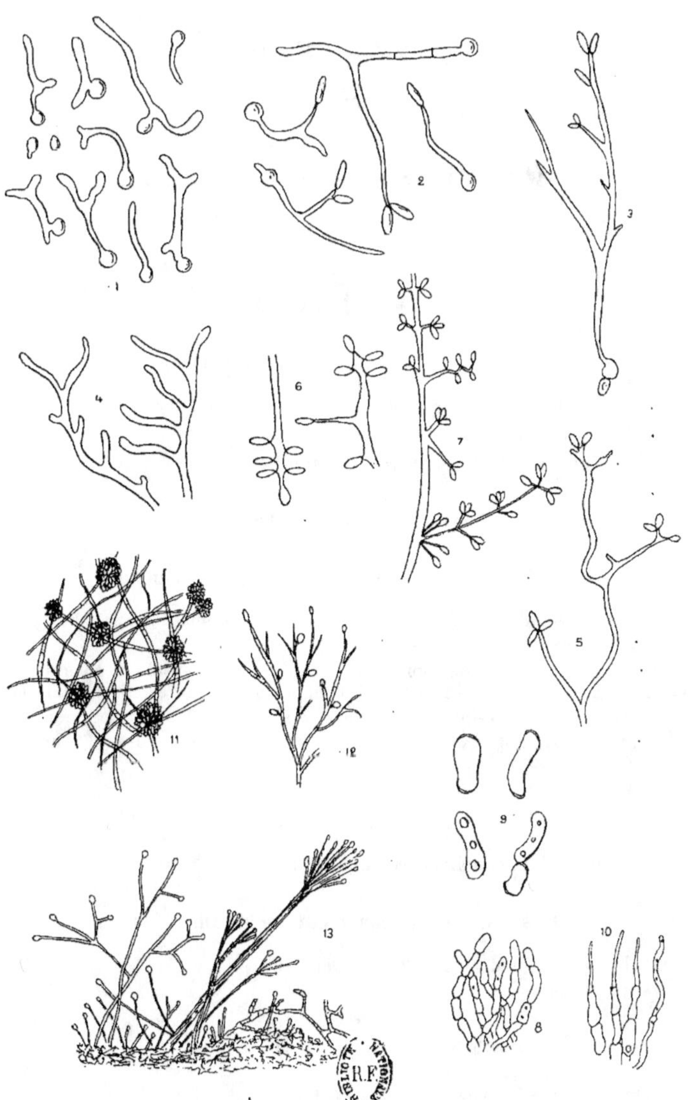

Mucédinées (*Botrytis. Verticillium*).

ORDRE DES ASCOMYCÈTES

MUCÉDINÉES

1 à 8. — Hyalopus Yvonis [1] (Dop).

1. Le champignon sur *Aspidiotus perniciosus*. (D'après Dop.)
2. Conidies. (D'après Dop.)
3 à 6. Culture sur gélose sucrée. (D'après Dop.)
7. Forme levure. (D'après Dop.)
8. Culture sur bouillon d'*Aspidiotus Nerii*. (D'après Dop.)

9 à 11. — Acrostalagmus coccidicola [2] (Guéguen).

9. Periphérie d'une culture cellulaire sur Raulin gélatiné, après huit jours à + 15°. (D'après Guéguen.) Gr. = 75.

10. Portion plus grossie (après fixation par l'alcool absolu et coloration à la vésuvine) : certains capitules ont difflué, le coniodophore reprenant la forme végétative. (D'après Guéguen.) Gr. = 380.

11. Une gouttelette conidifère presque mûre (même culture). (D'après Guéguen.) Gr. = 1.460.

12. — Verticillium heterocladum [3] (Penzig).

12. Fragment de conidiophore. (D'après Penzig.)

13 à 15. — Cladosporium herbarum [4] (Link).

14. Le champignon sur des cellules végétales.
14, 15. Conidiophores.

---

[1] Parasite sur un insecte, l'*Aspidiotus perniciosus*.
[2] Observé sur des cadavres de coccides.
[3] Trouvé sur des coccides de feuilles d'oranger.
[4] Très commun sur les produits végétaux en décomposition. Lui-même ou ses variétés semblent attaquer les insectes.

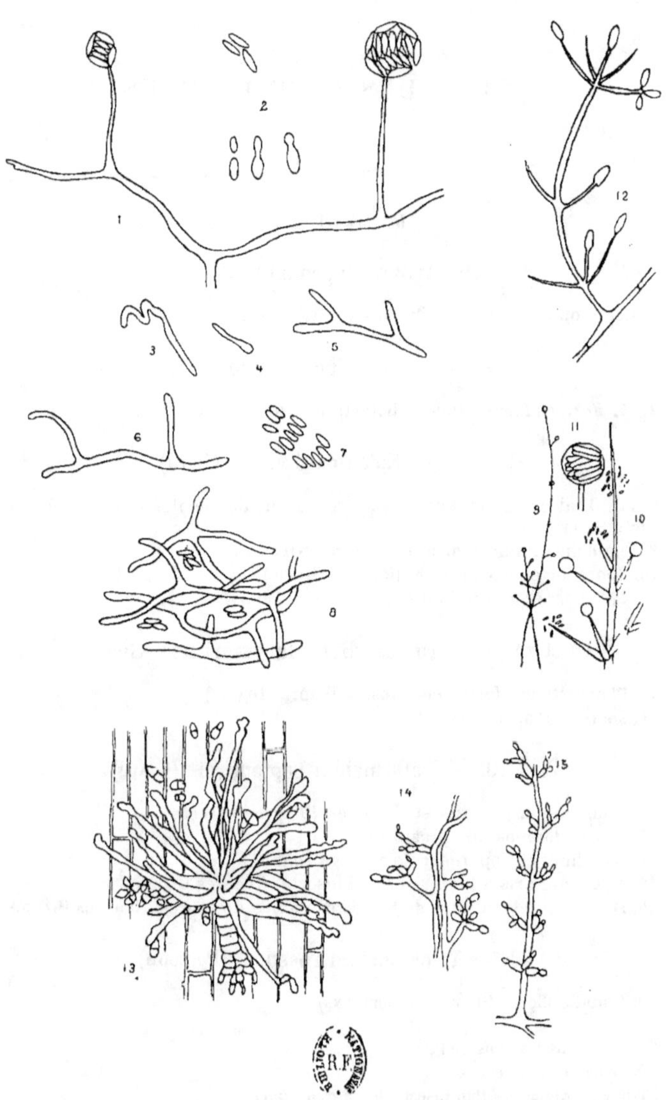

Mucédinées (*Hyalopus. Acrostalagmus. Verticillium. Cladosporium*).

ORDRE DES ASCOMYCÈTES

MUCÉDINÉES

1. — Dactylium Oogenum [1] (Montagne).

1. Conidiophore. (D'après Ch. Robin.) Gr. = 500.

2 à 4. — Fusarium acridiorum [2].

2 à 4. Formes fusariennes et botrytiques. (D'après Trabut.)

5 à 12. — Epichloa divisa [3] (Giard).

6, 7, 8. État ordinaire avec les spores terminales le plus souvent géminées. (D'après Giard.)
9. Filament ramifié sporifère. (D'après Giard.)
10. Spore fortement grossie. (D'après Giard.)
11, 12. Spores en germination. (D'après Giard.)

13 et 14. — Chromostylium Chryssorheæ [4] (Giard).

13. *Chromostilium*, fortement grossi. (D'après Giard.)
14. Spores. (D'après Giard.)

15 à 19. — Polyrhizium Leptophyei [5] (Giard).

15. Filaments myceliaux et rhizoïdes. (D'après Giard.)
16. Spores doubles. (D'après Giard.)
17. Mycélium et apparence de conjugaison. (D'après Giard.)
18. Mycélium pris à l'intérieur de l'insecte. (D'après Giard.)
19. Mycélium à la surface de l'insecte et amas de spores. (D'après Giard.)

20. — Trichotecium roseum [6] (Persoon).

20. Conidiophore. (D'après Siebenmann).

[1] Trouvé dans les œufs de l'Poule.
[2] Parasite des criquets.
[3] Trouvé sur le corps d'un insecte, le *Chlœon diptera*.
[4] Parasite des larves de *Liparis chrysorrheæ*.
[5] Parasite d'un insecte, le *Leptophyes punctatissima*.
[6] Trouvé dans l'oreille d'un homme ?

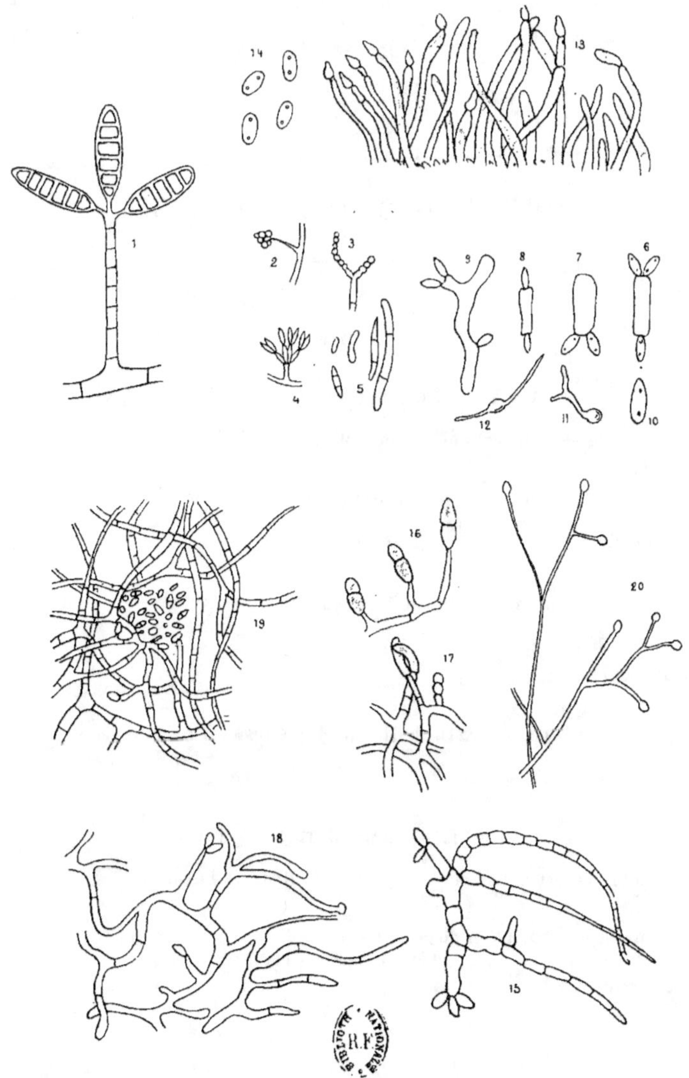

Mucédinées (*Dactylium. Fusarium. Epichloa. Chromostylium. Polyrhizium. Trichotecium*).

ORDRE DES ASCOMYCÈTES

MUCÉDINÉES

1 à 4. — **Acremonium Cleoni**[1] (Wize).

1 à 4. Spores et mycélium. (D'après Wize.)

5 à 8. — **Acremonium soropsis**[1] (Wize).

5 à 8. Conidie et mycélium. (D'après Wize.)

9, 10. — **Arthobothrys superba**[2] (Corda).

9. Conidiophore.
10. Conidies.

11-13. — **Arthobothrys oligospora**[2] (Frésenius).

11, 12, 13. Conidiophore.

14 à 21. — **Isaria farinosa**[3] (Fries).

14 à 21. Aspect divers des conidiophores. (D'après Fischer.)

[1] Parasite des Coléoptères du genre *Cleone.*
[2] Vit généralement en saprophyte. Attaque aussi les Anguillules.
[3] Parasite des insectes.

Mucédinées (*Acremonium. Arthobothrys. Isaria*).

VIII

ORDRE DES BASIDIOMYCÈTES

PLANCHE LV

ORDRE DES BASIDIOMYCÈTES

CHAMPIGNONS VÉNÉNEUX

Ceux représentés ci-dessous sont les seuls vraiment mortels.

(GRANDEURS NATURELLES)

1. *Amanita phalloïdes*. Commun, en automne, dans les forêts.

2. *Amanita phalloïdes*, jeunes.

3. *Amanita citrina*. Très commun dans les bois, surtout en automne, mais aussi en été et au printemps.

4. *Amanita citrina*, jeune.

5 et 6. *Amanita verna*. Rare. Pousse au printemps et en été.

7. *Amanita verna* ; chapeau coupé en long.

8. *Volvaria gloiocephala*. Surtout dans le Midi. A terre dans les prés et les lieux vagues. Assez peu commun.

9. *Volvaria gloiocephala*, chapeau coupé en long.

10. *Volvaria gloiocephala*, jeune.

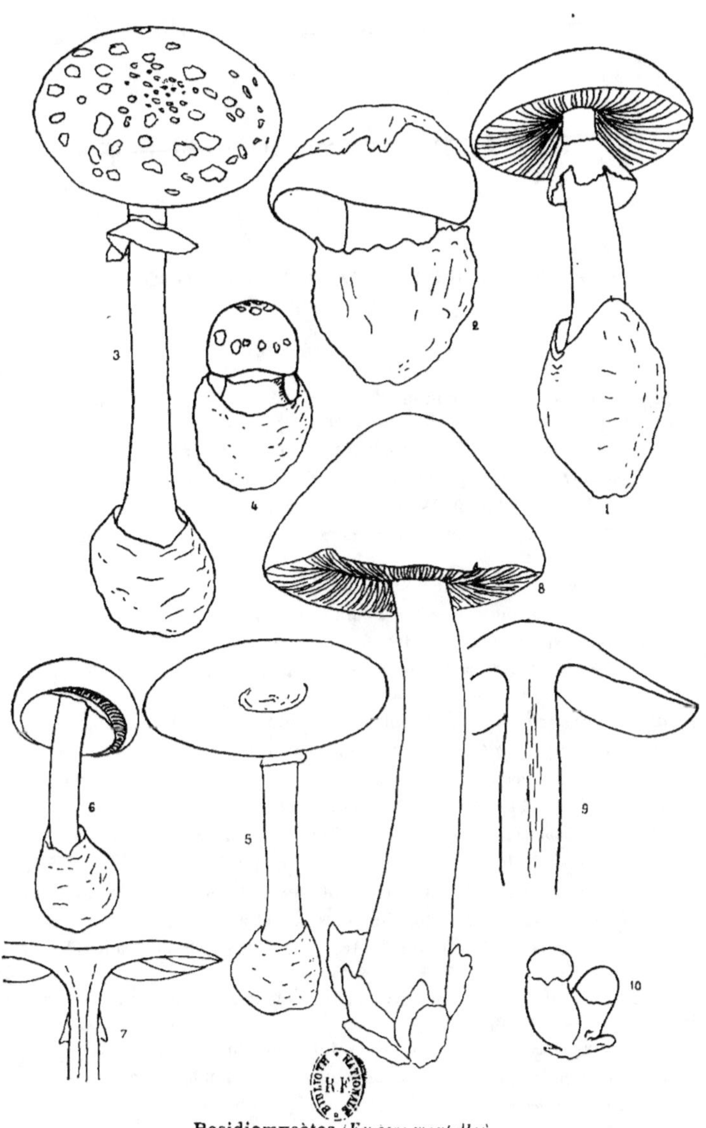

Basidiomycètes (*Espèces mortelles*).

PLANCHE LVI

ORDRE DES BASIDIOMYCÈTES

CHAMPIGNONS VÉNÉNEUX (DANGEREUX OU TOUT AU MOINS SUSPECTS)

(DIMENSIONS RÉDUITES)

1. *Amanita muscaria.* Commune dans le Nord et le Centre de la France, surtout dans les forêts de bouleaux. En automne.

. 2. *Amanita pantherina.* Bois ombragés. Automne. Assez commun.

3. *Tricholoma rutilans.* Surtout dans les forêts de conifères.

4. *Tricholoma virgatum.* Très rares. Dans les bois et au bord des chemins.

5. *Cantharellus aurantiacus.* Sur la terre et les couches, dans les bois de conifères. Été et automne.

6. *Tricholoma sulfureum.* Commun.

7. *Tricholoma saponaceum.* Assez commun.

8. *Hygrophorus conicus.* Dans les prés et les bruyères. Automne.

9. *Cantharellus tubæformis.* Sur la terre et le bois dans les forêts ombragées et les forêts de conifères. Été et automne.

10. *Lactarius vellerus.* Forêts ombragées. Été et automne.

11. *Lactarius pyrogallus.* Forêts humides. A terre. Été et automne.

12. *Lactarius theiogalus.* Forêts ombragées. Commun. Été et automne.

13. *Lactarius rufus.* Bois de pins. Été et automne.

14. *Russula emetica.* Forêts humides. Très commun. Été et automne.

15. *Russula rubia.* Bois sablonneux. Peu commun. Été.

16. *Lactarius terminosus.* Les bois, les bruyères et les prés. Très commun.

17. *Lactarius scrobiculatus.* Bois humides. Été et automne.

18. *Russula furcata.* Forêts du Centre et de l'Ouest de la France. Peu commun.

19. *Hypholoma fasciulare.* Sur les souches en toutes saisons, dans les vergers et les bois. Très commun.

20. *Boletus piperatus.* Forêts de Pins. Été et automne.

21. *Boletus felleus.* Forêts sablonneuses. Assez commun. Automne.

22. *Boletus variegatus.* Forêts de Pins. Été et automne.

23. *Boletus flavus.* Dans les bois. Très rare.

24. *Boletus luridus.* Bois et pâturage. Commun. Été et automne.

25. *Boletus satanas.* Pâturages, bruyères, lieux découverts. Été.

Basidiomycètes (*Espèces vénéneuses ou suspectes*).

9

PLANCHE LVII

ORDRE DES BASIDIOMYCÈTES

CHAMPIGNONS VÉNÉNEUX (DANGEREUX OU TOUT AU MOINS SUSPECTS)

(DIMENSIONS RÉDUITES)

1. *Pleurotus petaloïdes.* Pousse en touffes sur les souches.

2. *Pleurotus terrestris.* Pousse à terre au pied des touffes.

3. *Pleurotus olearius.* Pousse dans le Midi, sur les bois d'olivier, de chêne, de genêt, de charme, de genévrier.

4. *Collybia maculata.* Assez commun dans les bois de pins, de sapins, de robinier.

5. *Collybia radicata.* Commun, en automne, au pied des arbres.

6. *Collybia butyracea.* Commun, à l'automne, dans les forêts ombragées.

7. *Collybia grammocephala.* Parfois assez commun en été et en automne.

8. *Entoloma lividum.* Assez rare, en automne, dans les forêts ombragées, à terre.

9. *Pholiota destruens.* En été et en automne, sur les troncs de peupliers et de saules.

10. *Gomphidus glutinosus.* En été et en automne, dans les bois de conifères.

11. *Gomphidus viscidus.* En été et en automne, dans les bois de conifères.

12. *Stropharia squamosa.* En été et en automne, dans les forêts ombragées.

13. *Stropharia æruginosa.* En été et en automne, dans les forêts et les près.

14. *Mycena denticulata.* Assez rare, en automne, dans les forêts ombragées.

15. *Mycena pura.* Commun à terre, en automne.

16. *Marasmius urens.* Commun sur les feuilles mortes, dans les forêts ombragées.

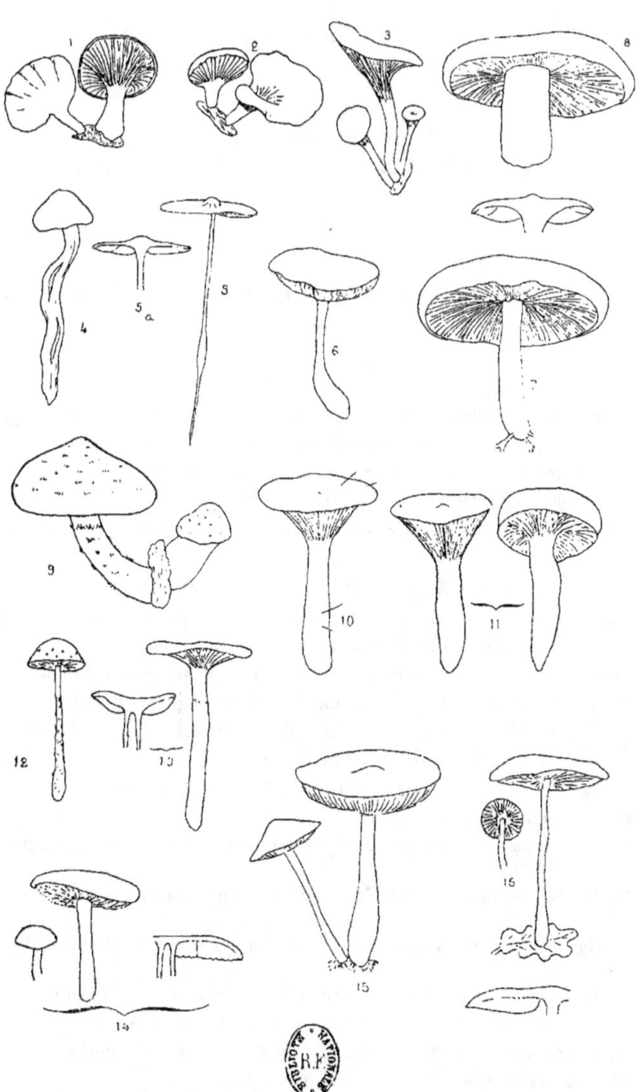

Basidiomycètes (*Espèces vénéneuses ou suspectes*).

PLANCHE LVIII

ORDRE DES BASIDIOMYCÈTES

CHAMPIGNONS VÉNÉNEUX (DANGEREUX OU TOUT AU MOINS SUSPECTS)

(DIMENSIONS RÉDUITES)

1. *Amanita porphyria.* Assez rare. A terre, dans les bois de pins et de sapins.

2. *Lepiota clypeolaria.* Dans les bois, en automne.

3. *Tricholoma acerbum.* En automne, dans les forêts ombragées.

4. *Hygrophorus agathosmus.* Rare. Dans les forêts de conifères.

5. *Lactarius blennius.* Assez commun. En été et en automne. Forêts ombragées.

6. *Lactarius azonites.* Été et automne. Bois ombragés.

7. *Lactarius zonarius.* Automne. Près et bords des chemins.

8. *Lactarius trivialis.* Très rare. Automne. Forêts de conifères de montagnes.

9. *Lactarius uvidus.* Forêts argilo-calcaires. Automne.

10. *Russula adusta.* Peu commun. Forêts ombragées. Été et automne.

11. *Russula ochracea.* Assez commun. Forêts ombragées. Été et automne.

12. *Russula Queletii.* Bois de conifères. Commun.

13. *Russula ochroleuca.* Forêts ombragées ou sablonneuses. Automne. Peu rare.

14. *Russula sanguinea.* Bons de pins humides. Été et automne. Assez rare.

15. *Russula pectinata.* Forêts. Été et automne.

16. *Russula aurata.* Forêts arides et clairières. Été. Peu commune. Probablement comestible.

17. *Hypholoma sublateritium.* Forêts et près, en touffes sur les souches. Toute l'année.

18. *Hypholoma hydrophilum.* En touffe sur les souches. Toute l'année. Très commun.

19. *Hypholoma lacrymabundum.* A terre, dans les bois et les champs.

20. *Boletus cyanescens.* Forêts ombragées. Été et automne.

21. *Boletus pachypus.* Bruyères et bois arides. Été et automne.

22. *Boletus erythropus.* Forêts de conifères. Été.

23. *Boletus strobilaceus.* Forêts.

24. *Boletus sanguineus.* Forêts.